KB0136679

한국의
르네상스인
석주명

한국의 르네상스인 석주명

1판 1쇄 찍음 2018년 10월 5일
1판 1쇄 펴냄 2018년 10월 18일

지은이 윤용택

주간 김현숙 | **편집** 변효현, 김주희
디자인 이현정, 전미혜
영업 백국현, 정강석 | **관리** 김옥연

펴낸곳 궁리출판 | **펴낸이** 이갑수

등록 1999년 3월 29일 제300-2004-162호
주소 10881 경기도 파주시 회동길 325-12
전화 031-955-9818 | **팩스** 031-955-9848
홈페이지 www.kungree.com | **전자우편** kungree@kungree.com
페이스북 /kungreepress | **트위터** @kungreepress

ISBN 978-89-5820-555-5 93400

값 20,000원

한국의
르네상스인
석주명

나비박사 석주명의
삶과 사상

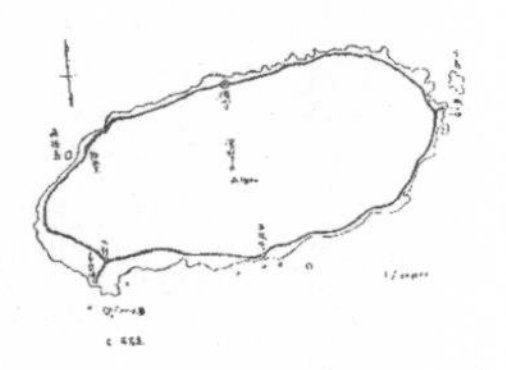

윤용택 지음

궁리
KungRee

석주명
1908. 10. 17~1950. 10. 6

책을 펴내며

석주명 선생(1908~1950)은 42년이라는 짧은 생을 살았지만 나비, 제주도, 에스페란토 등과 관련해서 불후의 업적을 남겼다. 그는 우리나라 나비 75만 마리를 수집하고 20여만 마리를 정밀 관찰하여, 분류하고, 이름 짓고, 분포도를 만들어 우리 나비의 모든 것을 보여주었다. 그래서 세상 사람들은 그를 '나비박사'라 부른다.

그는 나비채집을 위해 전국을 여행하는 과정에서 자연환경이 달라지면 동식물 분포뿐만 아니라 인간의 삶의 방식도 달라지는 것을 알았다. 그는 우리 문화의 본 모습을 알려면 그 원형이 남아 있는 제주를 알아야 한다는 것을 깨닫고, 제주의 언어, 문화, 사회, 자연을 연구하여 여섯 권의 제주도 총서를 남겼으며, 제주도의 가치를 잘 알고 사랑한 나머지 스스로 반(半)제주인이라 하였다. 그래서 우리는 그를 '제주학의 선구자'라 부른다.

그는 일제강점기와 해방 이후 정국혼란기를 살면서 당대의 지식인으로서 우리 민족이 세계시민국가의 당당한 일원이 될 수 있도록 노심초사하면서 국학운동을 펼쳤던 민족주의자였다. 그리고 그는 자국민과는 모국어로, 외국인과는 세계평화의 언어이자 세계공통어인 에스페란토로 소통할 것을 주장하면서 교재를 만들고 보급한 에스페란토 초기 운동가이자 세계주의자였다.

그는 자신의 전문인 나비 분야에서 일가를 이루었을 뿐만 아니라, 자연과 인문사회 분야까지도 아우르는 폭넓은 학문세계를 구축하였고, 지역주의, 민족주의, 세계주의 어느 한쪽에 매몰되거나 배척하지 않고 서로 받아들여 잘 조화를 이뤘다. 그는 다양한 분야에 두루 능통할 뿐만 아니라 서로 다른 이념이나 관점을 녹여내어 화합하려 하였다. 그러한 그의 학문태도는 학문 융복합의 시대이자 지역과 세계를 아우르며 살아가야 하는 우리에게 많은 메시지를 던져준다.

지금까지 석주명 선생을 소개하는 책들은 대부분 나비전문가에 초점을 맞추는 경우가 많았다. 하지만 그는 자연, 인문, 사회의 다양한 분야를 두루 섭렵한 통합학자였고, 민중, 민족, 인류를 사랑한 사상가였다. 이 책은 석주명 선생에 대한 기존 자료에 새로운 자료들을 더하고, 필자가 학술지에 발표했던 글들을 보완하며, 그가 발표했던 제주 관련 글들 가운데 일부를 정리한 것이다. 그러다 보니 중복되는 부분도 적지 않다.

『석주명 평전』을 읽고 그를 사모한 지 25년이 되었다. 오늘날 석주명 선생을 모르는 이는 거의 없지만, 아이러니하게도 그를 제대로 아는 이도 거의 없다. 그는 살아서 전설이 되었고, 죽어서 신화가 되었다. 그는 천재성과 성실성을 겸비한데다 학문에 대한 열정이 깊었고 인간과 자연을 사랑할 줄 알았다. 이 책이 그동안 잘 드러나지 않았던 그의 생애뿐만 아니라 폭넓은 학문세계와 사상이 어느 정도 알려지는 계기가 되었으면 한다.

이 책을 주인공인 고(故) 석주명 선생, 그의 유고집들을 펴내어 후세에 전한 고 석주선 교수, 일본의 나비학술지 『제피루스(Zephyrus)』를 기증해주신 고 가와조에(川副昭人) 선생, 평전을 써서 석주명 선생을 세상에 알린 이병철 선생, 그리고 서귀포에서 석주명기념관 건립을 위해 노력하는 시민들께 바친다.

2018년 10월

제주에서 윤용택

차례 |

1
석주명의 생애

짧지만 영원한 삶

석주명(石宙明, 1908. 10. 17~1950. 10. 6)은 박사학위를 받은 적이 없다. 그는 정규대학이 아닌 고등농림학교를 나와 중등학교 교사를 지냈다. 하지만 그를 아는 누구든 그를 나비박사라 부르기를 주저하지 않는다.

그는 일제가 우리나라를 삼키던 구한말에 태어나 일제강점기 초 평양에서 서당과 신식학교인 보통학교를 마치고, 평양과 개성에서 중등학교를 다녔으며, 군국주의 일본이 한창 동북아를 쥐고 흔들던 시기에 일본에서 고등농림학교를 졸업하였다. 그는 중등교사로 재직하는 동안 세계적인 나비전문가가 되었다. 그리고 일제강점기 말 경성제국대학 개성 생약연구소 연구원이 되어 서귀포의 제주도시험장에 파견근무하면서 제주의 자연과 문화를 연구하였다. 그 결과 그는 자타가 공인하는 제주학의 선구자가 되고, 나비박사와 더불어 제주도 박사라는 별칭을 얻게 되었다.

그는 해방이 되자 당대의 지식인으로서 우리나라가 당당한 세계시민국가의 일원으로 참여할 것을 염원하며 과학운동, 에스페란토운동, 국학운동을 펼쳤고, 그것들을 위한 대중강연, 대학강의, 언론기고, 국토학술조사 등을 하면서 동분서주하였다. 그리고 그는 일제강점기에 수집하고 연구했던 나비, 에스페란토, 제주도 관련 자료와 성과들을 해방이 되자마자 우리말로 출간할 계획을 세우고 혼신의 노력을 다하였다. 하지만 그의 간절한 꿈은 한국전쟁으로 일찍 생을 마감하면서 다 이루지 못하였다.

석주명의 평전을 쓴 이병철은 그를 한국에서 가장 많은 산을 오른 산악인, 한국 최초로 방언사전을 펴낸 국학자, 국제어인 에스페란토 보급에 힘쓴 세계평화주의자, 나비를 쫓아 한반도 곳곳을 누빈 곤충학자, 우리나라에서 시간을 가장 잘 아껴 쓴 사람 등으로 평하고 있다. 석주명은 음악에도 조예가 깊어 만돌린과 기타를 잘 쳤고, 제주민요 〈오돌똑(오돌또기)〉을 최초로 채보하기도 하였다.

그는 나비채집을 위해 우리나라 거의 전 지역을 답사하였고, 75만 마리 나비를 수집하여 20여만 마리 나비를 정밀 관찰하였으며, 나비학과 제주학을 바로 세우기 위해 동서양의 고전과 근대의 논저 1,500여 편을 직접 읽었다. 그는 타고난 천재성과 초인적 성실성으로 생전에 이미 전설적 인물이 되었고, 42년의 짧은 생을 살았지만 타의 추종을 불허할 학문적 업적을 남겼다. 그러기에 일제강점기 일본에서는 조선인 중에 마라톤의 손기정과 나비박사 석주명을 부러워했다고 한다.

그는 다양한 분야에서 수많은 글을 남겼다. 이 가운데 그 자신이 학술적 업적으로 인정한 논저들을 학문 영역별로 분류해보면, 나비와 관련된 것이 80퍼센트를 차지한다. 그것만 봐도 그의 주 전공은 나비임이 확인된다. 하지만 나비를 깊이 연구하는 과정에서 그의 학문적 관심사는 곤충학, 동물학, 생물학, 자연과학, 인문사회과학 전반으로 확대된다. 그리고 그는 제주도 연구를 하면서 통합학자로 거듭나게 되고, 나비연구를 통해 터득한 관점과 방법론을 제주도 방언연구나 인구조사에 활용함으로써 학문 융복합의 가능성을 보여주었다.

석주명은 "학문이 아무리 분리되었다고 하더라도, 한 분야의 권위자는 다른 분야에도 통하는 데가 있다. 내가 전공하는 조선 나비를 예로 들어 나비학의 권위자가 되려면, 직접 관계되는 곤충학에도 통해야 하고, 동물학 전체에도 다소는 통하여야 될 뿐만 아니라, 더 크게 생물학에도 얼마큼은 통하여야만 된다."고 말한 바 있다. 모든 것은 서로 연결되어 있기 때문에 어느 하나를 제대로 알기 위해서는 그와 관련된 모든 것을 알아야 하고, 어느 하나를 깊이 알게 되면 그와 관련된 다른 것들도 어느 정도 헤아릴 수 있다는 것을 깨달았던 것이다. 그는 나비를 제대로 알기 위해서 자연과학 전반과 인문학까지도 공부했고, 그 덕분에 여러 분야에서 폭넓은 학문적 업적을 남길 수 있었다.

요즘은 학문이 세분되고 전문화되다 보니 인문학자는 자연과학을 모르고, 자연과학자는 인문학을 모르는 경우가 많으며, 그것을 당연시한다. '박사(博士)'의 의미는 깊고도 넓게 하는 사람을 뜻하지만, 오늘날 박사학위 소지자들은 특정 분야의 전문가이긴 해도 넓게는 알지 못하는 '협사(狹士)'인 경우가 대부분이다.

석주명은 나비연구를 위해 전국을 누비면서 각 지역마다 독특한 방언이나 문화에 흥미를 느끼게 되었고, 특정 지역을 온전히 이해하기 위해서는 그 지역의 자연, 인문, 사회 현상 전체를 연구해야 한다는 걸 알았다. 그는 좁게는 나비학자 내지는 곤충학자요, 넓게는 생물학자 내지는 자연과학자이지만, 자연과학과 인문과학을 넘나든 매우 특이한 연구자이다. 그는 자신의 전문 분야인 나비를 바탕으로 자연과 인문사회 분야까지 폭넓게 연구했던 명실상부한 '박사'이다.

그는 식민지 지식인으로서 우리 것의 소중함을 알고, 우리 연구자들이 강점을 보일 수 있는 연구방법을 사용하여, 우리나라 생물상이 독특하다는 것을 보여주는 '우리의 생물학'을 주창하면서 당대의 여러 분야 학자와 국학운동을 펼친 민족주의자이다. 그는 모든 분야의 학문을 잘 하는 팔방미인형 학자이고, 지역과 민족과 세계를 아우르는 깨어 있는 민족주의자이면서 열려 있는 세계시민이었다. 그는 자연과학, 인문과학, 사회과학을 넘나드는 폭넓은 학문세계를 구축하였고, 지역주의, 민족주의, 세계주의 어느 하나에 매몰되지 않고 서로를 받아들여 조화를 이뤘다.

오늘날 우리는 인문학, 사회과학, 자연과학의 학문통합과 서로 다른 학문들 사이에 통섭을 강조하면서 지역적인 것과 세계적인 것을 동시에 추구해야 하는 시대를 살고 있다. 우리가 석주명 선생에게 배워야 할 점은 인문학과 자연과학, 지역과 세계, 특수와 보편, 전통과 현대를 서로 배척하지 않고 유연하게 넘나들면서 조화시키려 했던 자세이다.

열정의 학창시절

석주명(石宙明)은 1908년 10월 17일[1] 평양의 대동문 근처에서 큰 요릿집을 하는 아버지 석승서(石承瑞, ?~?)와 어머니 김의식(金毅植, 1881~1938) 사이에서 3남 1녀 중 차남으로 태어났다. 그는 구한말에 태어나 일제강점기와 해방정국에서 활동하다가 한국전쟁 중인 1950년 10월 6일 서울에서 불의의 사고로 작고하였다. 민족적으로 어려운 시기에 학문을 배우고 제자들을 가르치면서 놀라운 집중력과 열정으로 우리 나비를 연구하여 세계적 학자의 수준에 도달하였다. 그가 학문적 절정기인 40대 초반에 세상을 떠난 것은 그 자신에게도 불행한 일이지만 우리 민족에게도 무척 안타까운 일이다.

1_ 석주명의 탄생일은 1908년 10월 17일(음력 9월 23일)인데 대부분 자료에서 1908년 11월 13일로 잘못 알려져 있다. 이는 누이동생 석주선 교수가 석주명의 회갑[1968년 11월 13일(음력 9월 23일)]을 기념하여 유고집 『제주도 수필』을 발간한 이후, 그의 탄생일이 회갑일로부터 역산되어 1908년 11월 13일로 착오가 생긴 것으로 추측된다.

가족(1934): 맨뒷줄 왼쪽 두 번째부터 형 석주흥, 석주명, 동생 석주일, 셋째줄 왼쪽 동생 석주선, 둘째줄 왼쪽 두 번째 어머니

가족(1938). 부인 김윤옥, 딸 윤희와 함께

형제들 가운데 사업가였던 형 석주흥(石宙興, 1905~?)은 월남하지 못했고, 막내 석주일(石宙日, 1914~1981)은 서울에서 피부과 의사를 지냈으며, 전통의상 전문가였던 누이동생 석주선(石宙善, 1911~1996)은 동덕여대 교수와 단국대 석주선기념민속박물관장을 지냈다. 석주명이 위대한 학자가 되는 데는 형제들의 도움도 있었다. 형 주흥은 그의 나비연구에 재정적 도움을 주었고, 막내 주일은 그와 나비채집을 함께 했으며, 누이동생 주선은 그의 유고집을 펴내 세상에 알렸다. 그리고 그의 유일한 혈육인 석윤희(石允希, 1935~)는 미국 북일리노이주립대학에서 미학교수를 지냈다.

석주명은 다른 아이들처럼 6세(1914년)에 서당에 들어가 한문을 배웠고, 9세(1917년)에 신식학교인 평양 종로보통학교에 들어가 11세(1919년) 때 우리 민족이 일제강점에 항거하여 자주독립을 외친 3·1 만세운동을 경험하였다. 하지만 그는 어려서는 글 읽기보다는 장난치기를 좋아하는 편이었고, 특히 동물을 좋아해서 아버지 몰래 짐승을 기르기도 하였다.

그는 13세(1921년)에 평양의 대표적 기독교계열 민족학교인 숭실학교[2]에 진학하였다. 1920년대 숭실학교는 신입생 모집에 대한 광고를 일간지에 공고한 뒤 지원자의 접수를 받아서 입시를 치렀다. 석주

2. 1897년 설립된 숭실학교는 1908년 대한제국 학부(學部)로부터 '숭실대학'과 '숭실중학'으로 분리하여 학교인가를 받았고, 1912년부터 조선총독부로부터 '숭실중학교'로 인가를 받았으며, 학교의 공식명칭은 설립 이래로 '숭실중학교'였다가, 1915년부터 1927년까지는 '숭실학교'(각종학교)였으며, 1928년 5월에 총독부 지정학교가 되었다. 『숭실 100년사: 평양 숭실』, 숭실중고등학교, 1997, 119~120쪽 참조.

명이 입학하던 당시인 1921년 《동아일보》 3월 12일자에 실린 숭실학교 생도모집 광고를 보면, 모집정원은 1학년 150명, 2학년 75명, 기타 보결 약간 명이었고, 입시는 3월 31일에 치러졌으며, 개학일은 4월 5일이었다. 그리고 1922년도 《매일신보》에 기록된 숭실학교 입시과목은 성경, 일본어, 한문, 지리, 이과, 대수, 영어 등 7개 과목이었고, 일본어는 4개의 문장해석, 한문은 6개의 문장해석, 지리는 조선과 일본의 지리에 관한 8문제, 이과는 생물에 관한 4문제, 대수는 계산문제 7개가 출제되었다.[3]

당시 평양의 학부모들은 3·1운동으로 민족의 자긍심이 고양되면서 자녀를 숭실학교에 진학시키려는 이들이 많았다. 이는 3·1운동이 일어난 1919년에 134명에 불과했던 숭실학교의 재적생 수가 1920년 621명, 1921년 627명, 1922년 709명 등으로 급격하게 늘어났던 것으로도 확인된다. 그렇기 때문에 석주명이 입학할 당시 숭실학교 시설로는 갑자기 늘어난 학생들을 다 수용할 수가 없어서 2부제 수업을 실시할 정도로 교육환경이 열악하였다. 게다가 당시 숭실학교는 조선총독부 인가를 받은 고등보통학교가 아닌 '각종학교'여서 학생들은 졸업을 해도 바로 상급학교에 진학하지 못하고 자격시험을 별도로 치러야 하는 불이익을 감수해야 했다. 그렇기 때문에 석주명이 다니던 당시의 '숭실학교'는 학생들과 교직원들의 불만이 팽배해 있었다.[4]

3_ 위의 책, 273~275쪽 참조.
4_ 위의 책, 253~260쪽 참조.

조선총독부가 1922년 발표한 제2차 조선교육령에 따르면, 기독교 계열 학교가 학력을 인정받는 '지정학교'로 되려면 성경과목과 예배의식을 폐지해야 했다. 그런 상황에서 1922년 6월 숭실학교 재학생 600여 명은 학교당국에 성경교과를 포기하고 조선총독부가 인정하는 '고등보통학교'로 승인받을 것을 집단으로 요구하면서 동맹휴교에 들어갔다. 하지만 당시 선교사였던 모펏(S. A. Moffett, 馬布三樂, 1864~1939) 교장은 성경을 가르치지 않는 학교는 있을 필요가 없다면서 학생들의 요구를 거부하였고, 그 과정에서 많은 학생들이 숭실학교를 떠났다.[5] 석주명도 이 과정에서 숭실학교를 다닌 지 1년 반 만에 중퇴하게 되었다.

평양 학창시절 석주명은 종로보통학교와 숭실학교 선배이자 형 주홍과 동년배인 안익태(1905~1965)로부터 영향을 많이 받았다. 안익태는 보통학교 때부터 바이올린과 트럼펫을 연주하였고, 숭실학교 때는 첼로를 배워 숭실대학의 오케스트라 단원이 될 정도로 음악의 신동이었다. 1918년 숭실학교에 입학했던 안익태는 1919년 3·1운동에 연루되어 생물교사이면서 선교사였던 모우리(Eli M. Mowry, 1880~1970) 자택에 피신했다가 1920년 일본으로 건너가 음악학교에 입학하여 음악인의 길을 걸었다.[6] 훗날 석주명이 만돌린과 기타를 잘 연주할 수 있었던 것은 청소년 시절 친하게 지내던 안익태의 음악적 영향이 컸다.

석주명은 숭실학교 동맹휴교의 여파로 1922년 9월에 총독부 지정

5_ 위의 책, 261~263쪽 참조.
6_ 위의 책, 400~401쪽 참조.

학교인 개성의 송도고등보통학교(이하 송도고보)[7]로 전학하였다. 송도고보는 구한말 개화사상가이자 교육자였던 윤치호(1865~1945)가 기독교 정신에 입각한 근대교육을 위해 1906년 개성에 세운 한영서원을 모태로 하고 있다. 그는 보통학교 시절의 3·1운동, 숭실학교와 송도고보에서 일본의 식민정책에 대한 저항운동들을 직간접적으로 체험하면서 자연스레 민족주의 정신을 가슴에 품을 수 있었다.

송도고보 시절 석주명
(1925. 3. 17)

석주명이 학생시절인 1920년대 송도고보는 전교생이 300여 명 정도인 5년제 지정학교로, 한옥 기숙사와 최신식 보일러 난방시설을 갖춘 석조 본관에다 전천후 체조장, 박물표본실 및 강의실, 물리화학실험실 및 강의실 등이 갖춰져 있었다. 송도고보는 창립 초기부터 실습을 강조하면서 석조실습장을 갖추고 있었고, 1924년이 되면 박물교실과 이화학교실을 만들어서 과학수업에 필요한 각종 기기, 실험기구, 각종 표본 등을 갖추고 있었다.

그가 송도고보로 전학할 당시 교장은 설립자인 윤치호였고, 생물교사로는 조류학자인 원홍구(1888~1970)가 있었다. 원홍구는 평안북도 삭주 출신으로 수원농림학교를 마친 다음 제1회 한일유학생으

7_ 윤치호가 설립한 '한영학원'은 조선교육령(1911)으로 1917년부터 4년제 '송도고등보통학교'로 변경되고, 제2차 조선교육령(1922)으로 5년제 '송도고등보통학교'가 되며, 제3차 조선교육령(1938)에 의해 5년제 '송도중학교'가 된다. 『송도학원 80년사』. 학교법인송도학원.송도중고등학교동창회, 1989, 582~584쪽 참조.

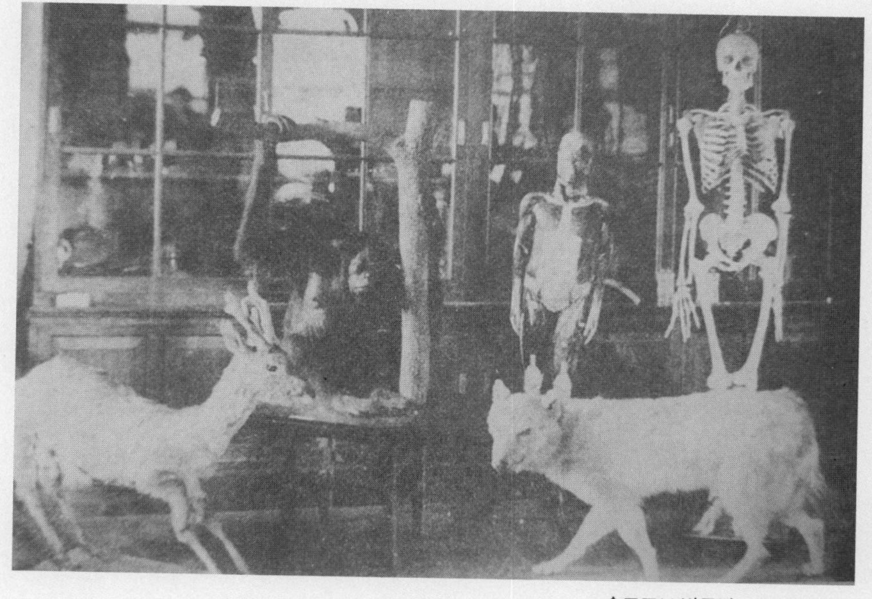

송도고보 박물관 표본실(1926)

송도고보 이화학교실(1926)

원홍구

스나이더

· 송도고보 시절 석주명의 스승 ·

로 선발되어 1911년 일본 가고시마고등농림학교로 유학하였다. 그는 1919년 9월부터 10여 년간 송도고보 생물교사로 근무하면서 석주명, 김준민 등 특출한 생물학자들을 배출하였다.

1930년을 전후하여 스나이더(L. H. Snyder, 申愛道, 1886~ ?)가 송도고보 교장으로 재임하고 있었다. 그는 1908년 미국의 남감리교회에서 조선에 파견된 선교사로 1922년부터 송도고보에서 교편생활을 시작하여 1926년 9월부터 1933년 3월까지 교장으로 근무하다 연희전문학교의 영어 교수가 되었다. 그는 생물교사였던 원홍구가 미국 스미소니언연구소로부터 연구비 지원을 받아 조류 수집과 연구를 원활하게 할 수 있도록 도와주었다. 그렇기 때문에 당시 송도고보 박물관 표본실은 우리나라에서 가장 많은 조류 표본이 전시될 수 있었다.

석주명은 문과보다는 이과 체질이었고, 수학을 좋아하였지만 이화학보다는 생물, 특히 동물에 관심이 더 많았다. 좋은 시설이 갖춰져 있고 능력있는 교사들이 재직하던 송도고보는 뭔가에 빠지게 되면 몰입하게 되는 성격을 지닌 석주명에게 공부하기에 더할 나위 없이 좋은 환경이었다.

석주명은 스승인 원홍구의 영향을 받아 1926년 일본 가고시마고등농림학교(이하 가고시마고농) 농학과에 입학하였다. 일본제국은 청일전쟁(1894~1895) 이후 공업교육 우선 정책으로 농업교육이 침체되고, 러일전쟁(1904~1905)을 거치면서 실무적인 기술자를 대량으로 양성하고 아시아 진출이라는 국가정책 과제수행에 필요한 인재를 양성하기 위해 고등농림학교를 세우기 시작했다.

가고시마고농은 일본에서 두 번째로 세워진 고등농림학교로 남방자원 개발을 목적으로 농업 기술자나 연구자를 양성하기 위해 설립되었다. 1908년 설립 당시에는 농학과와 임학과가 개설되었는데, 1917년에는 농학과를 제1부(농학), 제2부(농예화학), 제3부(농예생물학)로 분할하였고, 1920년에 양잠학과를 추기로 설치하였다. 그리고 1921년에 농학과 제2부(농예화학)가 독립하여 농예화학과가 되고, 제3부(농예생물학)는 제2부로 개칭되었다. 따라서 석주명이 입학하던 1926년 당시 가고시마고농은 농학과, 임학과, 농예화학과, 양잠학과 등 4학과로 편제되어 있었고, 농학과는 두 전공, 즉 제1부(농학일반), 제2부(농예생물학전수)로 나뉘어 있었다.[8]

농학과 1학년생들은 전공에 상관없이 수신(修身), 작물학, 지질학

8_ 가고시마고등농림학교는 1944년에는 가고시마농림전문학교로, 1949년에는 가고시마대학 농학부로 전환되었다. 平成27年度鹿児島大学附属図書館貴重書公開, 『舊制鹿兒島高等農林學校の底力』, 鹿兒島大學付屬圖書館, 2015.

1930년대 가고시마고등농림학교

가고시마고등농림학교 본관과 강당

및 토양학, 측량학, 양잠학, 법률 및 경제학, 물리학 및 기상학, 화학, 동물학 및 곤충학, 식물학 및 식물 병리학, 외국어, 체조, 실습을 수강하였다. 그리고 그들은 2학년에 진급하면서 농학일반과 농예생물 중에 전공을 선택하였다.[9] 당시 농예생물학은 식량증산을 위한 분야였기 때문에 곤충, 특히 농작물에 피해를 주는 해충에 대한 연구를 많이 했다. 그리고 해충들 중에는 나방과 나비 종류가 많기 때문에 가고시마고농 생물학 교수들은 나방에 관심이 많았다.

석주명은 애초에 식민지 조국의 부흥을 생각하여 낙농과 축산을 염두에 두면서 농학과에 진학하였다. 그는 농학과를 1년 다니는 동안 우수한 교수들의 생물학 강의와 곤충학자 파브르, 한국인 육종학자 우장춘에 대한 이야기를 들으면서 생물학에 흥미를 많이 느끼게 되었다.

그가 2학년에 진급하면서 농학과에서 박물학과(생물학과)로 전과하였다고 알려져 왔으나 이는 사실과 약간 다르다. 앞서 보았듯이 당시 가고시마고농에는 박물학과가 따로 있지는 않았고, 농학과 안에 '농학일반'과 '농예생물학전수' 두 전공이 있어서 2학년에 진급하면서 그 가운데 하나를 선택해야 했다. 따라서 그는 농학과 2학년으로 진급하면서 박물학과(생물학과)로 전과한 게 아니라 '농예생물학전수'를 선택하였던 것이다. 이는 당시의 가고시마고농의 학제나 석주명 스스로가 자신이 배운 것은 농생물학이고 곤충과 식물병리가 주요 과목이

9_ 蟹江松雄, 鹿児島高等農林学校における 農芸化学の歩み, 「鹿児島高等農林と農芸化学その2」*Nippon Nogeikagaku Kaishi* Vol. 57, No, 4. 日本農芸化学会, 1983.

었다고 얘기하는 것으로도 확인된다.

당시에 가고시마고농은 실습에 중점을 둬서, 농학과의 경우 1학년은 가고시마현 내의 사다실습장(佐多実習場)에서 3일간, 2학년은 규슈의 동서연안지대를 매년 번갈아가면서 6일간, 3학년은 타이완, 조선, 또는 국내를 3주간 견학 여행하여 조사보고서를 쓰도록 하였다. 그리고 농예생물학을 전공하는 학생들은 동식물을 채집하고 표본을 제작하는 것을 배우고, 교내 박물동지회(博物同志會)에서 연구발표하고, 졸업반인 3학년 여름에는 지도교수와 함께 10일간 채집여행을 다녀와야 했다. 그리고 농학과에서 농예생물학을 전공한 학생들은 실험과 논문지도를 받아 득업논문을 써야 했고, 졸업할 때 농업, 동물, 식물 중등교사 자격증을 취득하였다.[10] 석주명은 나방을 주제로 득업논문을 써서 가고시마고농 농학과(농예생물학전수)를 졸업하였다.

가고시마고농 시기에 석주명에게 큰 영향을 준 교수들은 그에게 나비연구를 권유한 오카지마 긴지(岡島銀次, 1875~1955), 국제어인 에스페란토를 배울 수 있게 이끌어준 시게마쓰 다츠이치로(重松達一郎, 1868~1940) 등이었다.

오카지마 교수는 도쿄제국대학 농대를 졸업하고 가고시마고농 설립 당시부터 1936년까지 재직했던 동물학, 곤충학, 양잠학의 대가로 나비에도 관심이 많았다. 그는 실무 능력도 뛰어나서 양잠학과를 설치

10_ 平成27年度鹿児島大学附属図書館貴重書公開, 「舊制鹿兒島高等農林學校の底力」, 鹿兒島大學付屬圖書館, 2015.

1930년대 가고시마고등농림학교 실험실

오카지마

시게마쓰

· 가고시마고농 시절 석주명의 스승 ·

하였고, 교내에 '박물동지회'를 만들어 학생들의 과외활동을 지도하였으며, 가고시마현의 중등교원과 동호인들을 대상으로 '가고시마박물학회'를 만들어 가고시마의 동물, 식물, 광물 등을 조사 연구하고 교육하였다. 그리고 그는 천연기념물 조사위원으로 활동하면서 사적(史蹟)과 자연경관 보호운동을 펼쳤고, 일본곤충학회장을 지내기도 하였다. 그는 엄격하면서도 온후하고 관용적이어서 많은 학생들로부터 존경을 받는 스승이었는데, 석주명도 그로부터 많은 영향을 받았다.[11]

석주명은 졸업반이자 3학년이던 1928년 8월에 오카지마 교수와 타이완 채집여행을 다녀왔다. 당시에 오카지마는 비가 내리는 데도 하루살이 수백 마리를 삼각봉지에 담아 일일이 분류하여 곤충채집 과제를 완수한 석주명을 눈여겨보았다. 그는 가고시마고농을 졸업한 다음 귀국하는 석주명에게 다른 사람이 시작하기 전에 조선인으로서 조선

11_ 末永一 ,「故 岡島 銀次 先生を憶う」, 「昆蟲(KONTYU)」 Vol.23 , No.2, 日本昆蟲學會, 1955. 5. 平成27年度鹿児島大学附属図書館貴重書公開, 「舊制鹿兒島高等農林學校の底力」, 鹿兒島大學付屬圖書館, 2015, 참조.

의 나비를 연구하는 데 10년만 필사적으로 매달릴 것을 권유하였다. 석주명이 나비연구를 하게 된 결정적인 계기는 오카지마 교수의 권유에서 비롯된 것이다. 그렇기 때문에 그는 스승에 대한 고마움을 표시하기 위해 훗날 금강산에서 그가 발견한 부전나비의 신아종에 '긴지부전나비(*Drina superans ginzii*)'라 명명하기도 했다. 하지만 훗날 국내 학계에서는 그것을 깊은산부전나비(*Drina superans SEOK*)로 바꾸었다.

시게마쓰 교수는 1892년 도쿄제국대학 농대를 졸업한 벼 전문학자인데, 히로시마고등사범학교 교수로 재직할 때 동료였던 언어학자 나카노메(中目 覚, 1875~1959)로부터 에스페란토를 배우고 히로시마에스페란토클럽 설립에 참여하였다. 그는 1909년부터 가고시마고농으로 전근하여 학생들을 가르쳤고, 가고시마에 에스페란토를 보급하는 데 노력하였다.[12]

에스페란토는 1887년에 폴란드의 자멘호프 박사가 창안한 국제어로 세계 주요 언어의 공통어휘를 뽑고 문법도 대단히 간략해서 배우기가 매우 쉽다. 에스페란토운동은 세계공통어로 어려운 강대국의 언어를 쓰지 말고 배우기 쉬운 에스페란토를 쓰자는 운동으로, 간단히 말하자면 각 민족은 모국어와 에스페란토를 습득하여, 자국민과 소통할 때는 모국어로, 외국인과 소통할 때는 에스페란토로 소통하자는 운동이다. 석주명은 식민지 학생으로서 에스페란토의 그런 취지에 전적

12_ 平成27年度鹿児島大学附属図書館貴重書公開, 「舊制鹿兒島高等農林學校の底力」, 鹿兒島大學付屬圖書館, 2015.

으로 공감하였다.

가고시마고농 시절 석주명은 시게마쓰 교수에게 에스페란토를 배우고, 교내 에스페란토연구회에 적극적으로 참여하였다. 그는 1927년에 에스페란토연구회 기관지 《라 에스페로(La Espero)》에 「에스페란토 학습에 관하여」, 「Unu Peco de mia Travivaĵo pri Esperanto」를 기고했고, 1928년에는 《라 에스페로》에 「Du Impresoj」를, 교내에서 발행하는 《사상수(思想樹)》 창간호에 '에스페란토 이해'를, 가고시마고농교우회 잡지 《토(土)》에 「Sentoj en Insulo Tane」를 발표하였다. 이로 볼 때 그는 가고시마고농 시절에 에스페란토에 깊이 빠져 있었고, 에스페란토운동에 매우 적극적이었다는 것을 확인할 수 있다.

그는 가고시마고농을 졸업한 다음 고국에 돌아와서 함흥 영생고보에 재직하면서 《평양매일신문》(1930. 10. 26~28)에 「국제어 에스페란토」를 기고하고, 개성 송도고보에 재직하면서도 《송경곤충연구회보》 1호(1932)에 「Papilioj en Sondo, Koreujo」를, 송도고보교우회지 《송우》에 「에스페란토론」을 싣기도 하였다. 그가 에스페란토운동에 적극적이었던 이유는 에스페란토를 쓰면 굳이 일본어를 안 써도 되었고, 이를 학술교류에 사용함으로써 일제에 저항을 하면서도 탄압을 피할 수 있었기 때문이다. 그가 에스페란토를 사용한 것은 민족운동의 일환이었다. 뿐만 아니라 그는 자신의 나비연구 성과들을 에스페란토로 요약 발표하기도 하였다. 그리 본다면 석주명이 '나비박사'로 널리 알려지는 데는 에스페란토도 한몫했다고 볼 수 있다.

찬란한 교사시절

석주명은 1929년 3월 가고시마고농을 졸업한 후 함흥영생고보 생물교사로 2년간 재직하였다. 그리고 그는 1931년 3월 송도고보 스승이자 가고시마고농의 선배였던 원홍구가 평남 안주공립농업학교로 전근하자 모교인 개성 송도고보에 전근하여 1942년 3월까지 11년간 생물교사로 근무하면서 나비를 채집하고 연구하였다.

개성은 7과 132종의 나비가 있을 만큼 우리나라에서 가장 다양한 종류의 나비를 볼 수 있는 곳이었고, 당시 송도고보에는 신식 장비를 갖춘 과학실험실들이 있는데다, 명문학교여서 전국의 우수한 학생들이 다니고 있었다. 그리고 학생시절부터 석주명을 잘 알던 미국인 선교사 스나이더(L. H. Snyder)가 교장으로 재직하고 있었다. 스나이더는 송도고보에 재직하는 동안뿐만 아니라 송도고보를 떠난 후에도 석주명의 나비연구를 전폭적으로 지원했다. 나비연구에 뜻을 둔 석주명이 개성의 송도고보에서 교사로 근무할 수 있었던 것은 더할 나위 없는

송도고보, 교사시절(1931)

1930~40년대 송도고등보통학교 전경

행운이었다.

석주명이 교사로 부임하던 1931년 당시 송도고보는 5년제로 전교생이 460명이었고, 대부분 개성 시내 학생들이었지만 인근의 황해도와 경기도뿐만 아니라 멀리 평안도, 함경도, 전라도, 충청도, 경상도 등 전국의 학생들이 재학하고 있었다. 당시 송도고보는 석조로 된 본관, 박물교실, 이화학교실, 계단식 석조강당, 전천후체육실, 수영장, 기숙사 등과 교원주택, 농장, 운동장 등의 시설을 갖춰 중등학교 수준으로는 세계 제일을 자처할 정도로 웅대한 캠퍼스와 시설을 갖추고 있었다.

박물관에는 식물표본 2,000여 종, 동물표본 2,500여 종, 광물표본과 인체골격표본을 갖춰져 있었고, 박물교실에는 현미경이 놓여 있는 학생 2인 1대의 실험 관찰용 책상이 설치되어 있었다. 이화학교실은 200여 명을 수용할 수 있는 경사진 계단식 대형 교실로서 실험대를 겸한 책상을 배열하였으며, 초대형 실험대를 겸한 교탁을 내려다볼 수 있을 뿐만 아니라 천체망원경까지 갖추어서 당시로선 보기 드문 시설을 자랑하였다. 학생들은 한 교실에서 공부하지 않고 지력(地歷)교실, 물리화학교실, 박물교실 등을 돌아가면서 공부하였다.

그리고 송도고보는 전인교육을 강조하면서, 종교부, 학예부, 체육부, 음악부, 미술부, 산악부, 과학부 등 특별활동에도 힘을 쏟았다. 1930년대 초에 시작된 산악부는 개성 근처의 산이나 명승지를 순례하는 등 취미활동 범위를 벗어나지 못하다가 석주명이 지도한 1936년부터 뚜렷한 목적을 갖고 부원을 남북별로, 고향별로 편성해서 방학 중에 북으로는 만주, 남으로는 제주도, 동으로는 울릉도까지 전국의 유명한 산을 탐사하였다.[13] 과학부는 1930년대에는 도상록, 권녕대, 석주명 등이 지도하였다. 방과 후 이화학교실에서는 정규시간에 다하지 못한 실험실습을 하는 과학부 학생의 특별활동이 활발했다. 특히 일식과 월식 때는 천체망원경 관찰행사를 열어 차례를 얻기 힘들 정도로 그 인기가 대단했다.

산악부와 과학부는 서로 밀접한 관계를 맺고 동식물 등 채집도 하면서 석주명의 나비채집에도 많은 도움을 주었다. 덕분에 송도고보는 특수한 곤충류나 이색적인 식물과 같은 생물표본이 전국에서 가장 많은 학교가 되었다. 박물교실의 특별활동은 지도교사의 조수격인 전담 과학부원은 물론 전교생이 의무적으로 참가해야만 했다. 왕호(王鎬), 우종의(禹鍾義), 장재순(張在順), 이상호(李相虎), 김홍우(金洪禹) 등은 등산과 동식물채집에 전문지식을 갖추고 있어서 나비박사 석주명의 조수 역할을 하였다.

석주명은 나비연구를 하면서 중등학교 교사라는 여건을 잘 활용하였다. 당시 전국 각지에서 몰려든 송도고보생들은 주로 여름방학이면 자신들의 고향에서 나비채집을 하는 과제를 부여받았다. 학생들은 1학년부터 3학년까지 여름방학 중에 나비를 200마리 정도 채집 포장해서 개학과 동시에 제출해야 하며, 이것은 성적에 반영되었다. 당시 송도고보의 60만 마리 나비표본은 석주명의 제자들이 있었기에 가능했다.

여름방학 과제로 제출된 나비들은 주로 여름형이기 때문에, 그곳

13_ 『송도학원 80년사』, 학교법인 송도학원 · 송도중고등학교동창회, 1989, 500쪽 참조.

송도고보 교사시절(1932)

의 봄형 나비가 필요할 때는 조수를 파견하였고, 석주명 자신은 주로 외진 벽지(僻地)를 골라 채집여행을 하였다. 그는 자신이 나비채집여행지를 우리나라 지도에 일일이 빨간 점으로 표시했다. 그의 여행지도를 보면, 함북 온성에서 제주 마라도까지, 경북 울릉도에서 전남 가거도에 이르기까지, 그리고 백두산과 개마고원에서 한라산과 남해안 다도해에 이르기까지 우리나라 곳곳에 그의 발길이 안 닿은 데가 거의 없다는 것을 확인할 수 있다.

석주명이 송도고보에 부임할 때 나이는 비교적 젊은 나이인 23세였다. 그와 나이차가 별로 없는 학생들도 많았지만, 모교 선배였기 때문에 학생지도에 큰 어려움은 없었다. 그리고 나비박사로 명성을 떨쳤던 그는 송도고보 학생들에게 큰 자부심을 심어주었고, 졸업생들에게는 송도의 기인(奇人)으로 뇌리 속에 남아 있다.[14]

> 원홍구 선생의 후임으로 석주명 선생이 오시게 되었다. 하루는 우리 반 한 아이가 아침에 등교하다가 남의 집 너머를 들여다보다 그만 석 선생에게 들켰다. 석 선생은 그 학생을 교무실로 불러 나무라면서 따귀를 때렸다. 이에 우리 반 학생들이 분노하기 시작하였다. 우리 학교에는 훈육 선생이 따로 있는데, 어찌 새로 온 새파란 선생이 우리 상급생을 때릴 수 있냐는 것이었다. 하지만 '이놈들 너희들이 나를 치려면 쳐보아라. 나는 선생이며 너희들이 선배다. 이놈들 선배도 몰라보느냐' 하며 호통을

14_ 『송도학원 80년사』, 학교법인 송도학원 · 송도중고등학교동창회, 1989. 222~245쪽.

치자 우리는 선배라는 말에 그만 무릎을 꿇고 잘못하였다고 빌었다. 그 후 석 선생은 나비연구에 몰두하여 중등학교 교사로서 전 일본동물학회에 논문을 발표하였고 여러모로 송도고보의 명성을 드높여주었다. (김준민, 1934년 졸)

석 선생은 일본어가 유창하고 나비표본 만들기를 여름방학 과제로 내어서 학생들이 채집을 하느라 산과 들을 누볐고, 강의를 할 때도 실례를 들며 흉내를 내기 때문에 시간가는 줄 몰랐고, 나비연구에 몰두하느라 늘 밤늦도록 연구실에 불이 켜져 있었다. (임한기, 1936년 졸)

석 선생은 나비연구뿐만 아니라 방언에도 조예가 깊었다. 내 고향이 박천이라는 걸 알고 박천에선 '색시'를 어떻게 해석하냐고 묻고 '갓 시집간 여자'를 가리킨다고 하자 '그렇지'라고 말하던 것이 생각난다. 선생이 방언을 연구하게 된 것은 나비채집 하러 팔도강산 방방곡곡을 다니면서 그 지방의 특색을 주의 깊게 보아온 학자적 성격에서 비롯된 것으로 보인다. 그리고 재미있었던 것은 수업시간에 하품을 하면 야단을 치는데 방귀를 뀌는 것은 야단을 치지 않으셨다. 하품은 하지 않아도 되지만 방귀는 생리적 현상이라고 하면서 용서를 한다는 것이다. 생물선생다운 일면이 아닌가 생각이 든다. (노전욱, 1939년 졸)

세계적인 나비학자 석주명 선생의 연구실은 박물관이 있는 건물 2층이었다. 1937년 5월 어느 날 밤 아홉 시쯤 어머니 심부름을 가다 박물관

옆을 지나게 되었다. 그때까지 석 선생님 연구실에 불이 켜져 있고, 불빛이 빛나는 책상 위로 머리칼이 헝클어진 늘 보는 그대로의 석 선생님의 흰 가운을 입은 모습이 아련히 보였다. 어린 나는 그 숭고한 모습에 감동되어 장승처럼 서 있었다. 석 선생님은 우리의 담임이기도 했고 생물을 가르쳐 주셨는데 늘 우리에게 '남이 하지 않은 일을 10년간 하라. 그러면 반드시 성공한다. 그 산증인이 바로 석주명이다.'고 하셨다. 저 고독 속에 밤늦게까지 앉아 있는 석 선생은 이 말의 실천자의 모습이구나 하고 어린 나에게 이유를 잘 모르면서도 무언가 가슴을 찌르는 것이 있었다. 이때부터 이 교훈은 내 인생관의 지표가 되었다. (김병철, 1940년 졸)

석주명 선생님은 연세도 많지 않은데 항상 지팡이를 들고 다니셨는데 걸음걸이가 좌우로 유난히 흔들리는 버릇을 갖고 계셨다. 그래서 그 이유를 여쭈어보았더니 당신께서는 한쪽 다리가 다른 쪽보다 짧기 때문에 그 절뚝거림을 위장하기 위해서라고 했다. 그러면서 모든 사람들 중에서 두 다리가 똑같은 사람은 없다, 그 증거로 눈 쌓인 운동장의 한쪽 끝에서 다른 끝을 향해서 걸어가면 그 발자국이 직선상에 있는 사람은 한 사람도 없는데 그것은 두 다리 중 짧은 다리 방향으로 휘었기 때문이라고 말씀하셨다. 그리고 선생님은 박물관에 여러 상자를 놓고 각기 다른 뱀을 한 마리씩 넣고 기르셨는데, 어떤 학생이 호기심으로 한 상자를 열어보다가 뱀한테 물려 겁에 질린 얼굴로 선생님을 찾아간 적이 있었다. 학생은 울상이 되어 애원하는데 선생님은 아무 대꾸 없이 당신이 하시던 일만 계속하셨다. 독이 없는 뱀 상자만을 열 수 있게 놔둔 것이었기 때문이었다. 그러던 어느 날 독사 한 마리가 사라졌다. 선생님은 학생들이 독사에 물릴까봐 혼자서만 찾아다녔는데 점심을 먹으러 기숙사 식당에 갔다가 천장에 붙어 있는 독사를 발견했지만 학생들로 가득한 식당에서 뱀 이야기를 꺼냈다가는 큰 소란이 벌어질까봐 애간장을 태우다 학생들이 다 나갈 때까지 기다렸다가 잡았다고 한다. 재기가 넘치는 학자로서 재미있는 말씀 많이 해주고 당신 자랑도 심심치 않게 털어놓는 분이었다. (박지견, 1944년 졸)

석주명 선생 하면 나비박사로 유명한 분인데 생물시간에 꽃의 구조와 생활에 관한 학습을 할 때였다. 선생께서는 식물도 생명체이니 존중해야 하며, 공부하기 위해 어쩔 수 없으므로 꽃은 4인조가 한 송이만 따서 해부해보라고 지시하셨다. 학생들이 꽃을 해부하여 열심히 공부하고 있는데 한쪽에서 선생님이 대노하신 음성이 들려왔다. 어떤 조에서 꽃을 네 송이나 땄다는 것이다. 그렇게 유머가 풍부하고 인자하신 선생님이 어떻게 저렇게 대노할 수 있나 하고 우리는 숙연해졌다. 교육의 질은 교사의 질을 능가할 수 없다고 하듯이 석 선생님의 교수법은 독특하였다. 수업은 대개 선생이 세계 각국을 답사하면서 곤충을 채집하시던 이야기부터 시작된다. 학생들은 신기한 외국 이야기에 도취해서 듣고 있다 보면 교과서의 학습내용이 모두 취급되어 있어 교과 내용이 학습이 재미있는 가운데 쉽게 이뤄지며 언제까지라도 잊히지 않는 것이 수업의 특징이다. 또 선생님은 여름 장마철에도 호박을 잘 따 잡수셨는데 그것은 선생께서 호박꽃에 인공수정을 하시기 때문이라고 말씀해주셨다. (주세환, 1945년 졸)

만돌린과 기타를 잘 쳤던 석주명(1929. 11. 24)

음악에도 조예가 깊었던 석주명은 한때(1938년) 송도고보 음악부장을 맡기도 했고, 만돌린을 잘 연주해서 바이올린을 잘 켜는 치과의사 방정환(方定煥), 플루트를 잘 부는 음악교사 정사인(鄭士仁)과 함께 삼중주단을 구성하여 개성의 개화기 음악 개척에 기여하기도 하였다.

1940년에 들어서면서 일제가 창씨개명을 강요할 때 평양의 본가에서 '석전(石田)'으로 성을 바꾸자 그는 "성(姓)을 가는 것은 개아들이나 하는 짓이다."라고 하면서 '석(石)'씨 성을 지키기 위해 본적을 개성으로 바꾸면서까지 창씨개명을 거부하였다.(KBS TV인물전 〈나비박사 석주명〉, 1980년 석주선 인터뷰에서)

나비박사 선생님

석주명은 두뇌가 명석했지만 나비박사로 명성을 얻는 데는 여러 가지 행운도 따랐다. 그가 교사생활을 하던 개성지방은 130여 종의 나비가 있을 정도로 다양한 나비들이 있는 곳이었고, 당시 송도고보는 명문학교여서 전국의 학생들이 모여들어서 방학 때마다 학생들에게 나비채집 과제를 주어 우리나라 나비를 골고루 수집할 수 있었다.

그는 수집한 나비의 학명을 확인하고 분류하는 과정에서 1931년 일본에서 간행된 마쓰무라(松村松年, 1872~1960)의 『일본곤충대도감』을 참고하였다. 마쓰무라는 일본곤충학회장을 여러 차례 지낼 만큼 일본 곤충학계의 거목이었다.[15] 하지만 석주명은 개성지방 주변의 나비를 그의 곤충도감을 바탕으로 학명을 확인하는 과정에서 괴리가 많다

15_ 마쓰무라(松村松年)는 1935~1936, 1941, 1944, 1946년에 일본곤충학회장을 지낸 일본곤충학계 최고의 거물이었다. 일본곤충학회 홈페이지 http://www.entsoc.jp/about/ayumi.php 참조.

일본의 나비 전문학술지 『제피루스』

는 걸 알게 되었다. 마쓰무라를 비롯한 일본 학자들은 몇몇 표본을 가지고 신종으로 발표함으로써 오류를 범했던 것이다.

석주명은 사람도 크고 작고, 코가 높고 낮고, 눈이 갈색이고 파란색이고, 다양한 모습을 하고 있지만 다 같은 종인 호모 사피엔스이듯이, 같은 종의 나비라 하더라도 개체마다 무늬 수나 날개 길이, 색깔, 띠 등이 조금씩 다를 수 있다고 생각하였다. 그래서 수많은 표본을 가지고 나비를 일일이 조사하고 측정하는 개체변이 연구를 시작했다.

그는 송도고보 교사로 부임한 이듬해(1932년)부터 채집한 나비목록을 학계에 발표하기 시작하였다. 그는 일본의 나비학술지인 『제피루스(Zephyrus)』[16]에 첫 학술논문으로 「조선 구장(球場)지방산 나비목록」을 당시에 평북 구장공립보통학교 교장이던 가고시마고농 선배인 다카스카(高塚豊次)와 함께 발표하였다.

그는 이어서 개성에서 발간하는 《송경곤충연구회회보》에 같은 종의 나비라도 계절과 암수에 따라 형태가 다르다는 것을 발표하고, 1933년 『조선박물학회잡지』에 「개성지방의 나비」, 「조선산 나비 미기

16_ 『제피루스』는 1929년부터 1947년까지 일본 후쿠오카에서 창간된 나비전문 학술지로 석주명이 나비학자로 성장하는 데 발판이 되었고, 그가 활동하던 당시 나비연구 행태에 대해서 잘 알 수 있는 자료이다.

백두산 나비채집(1933. 7. 30). 왼쪽부터 우종인, 김숙보, 석주명, 석주일

록종, 이상형 및 은점표범나비 얼룩무늬의 변이성에 대하여」 등을 발표하였다.

석주명은 1933년부터 개성지방을 넘어서 나비채집을 위해 전국 각지를 여행하기 시작하였는데, 그러려면 열정만 있어서는 안 되고, 시간과 여행경비가 필요했다. 중등교사 봉급만으로는 도저히 여행경비와 연구비를 충당할 수 없어 집에서 부쳐오는 돈까지 나비연구에 충당했지만, 자신과 조수들의 채집여행 경비를 비롯해서 엄청난 표본 관리 비용과 연구비를 조달하는 데는 부족하였다. 게다가 그는 중등교사였기에 시간적 제한이 많아서 주로 여름방학을 이용하여 체계적인 채집여행 계획을 세워야 했다.

그는 1933년 여름 미국 하버드대학교 비교동물학교실로부터 경비를 지원받아 조복성과 함께 우종인, 장재순 등의 조수를 데리고 두 조를 이뤄 21일 동안 백두산 채집여행을 하였는데 대성공이었다. 석주명은 백두산 채집여행에서 호랑나비과 6종, 흰나비과 14종, 뱀눈나비과 13종, 네발나비과 50종, 부전나비과 31종, 팔랑나비과 16종 등 총 6과 130종 5,000여 마리를 채집하는 성과를 거두었다. 이를 계기로 그는 해마다 여름방학이면 나비채집여행을 하였다.

1934년 5월 말에는 송도고보 4학년 학생들과 일주일간 금강산을 수학여행하는 동안 학생들과 3박 4일간 내금강, 외금강, 신금강, 해금강 등에서 나비채집을 하여 호랑나비과 3종, 흰나비과 3종, 뱀눈나비과 1종, 네발나비과 3종, 부전나비과 3종, 팔랑나비과 3종 등 총 6과 16종의 나비를 채집하는 개가를 올리기도 하였다.

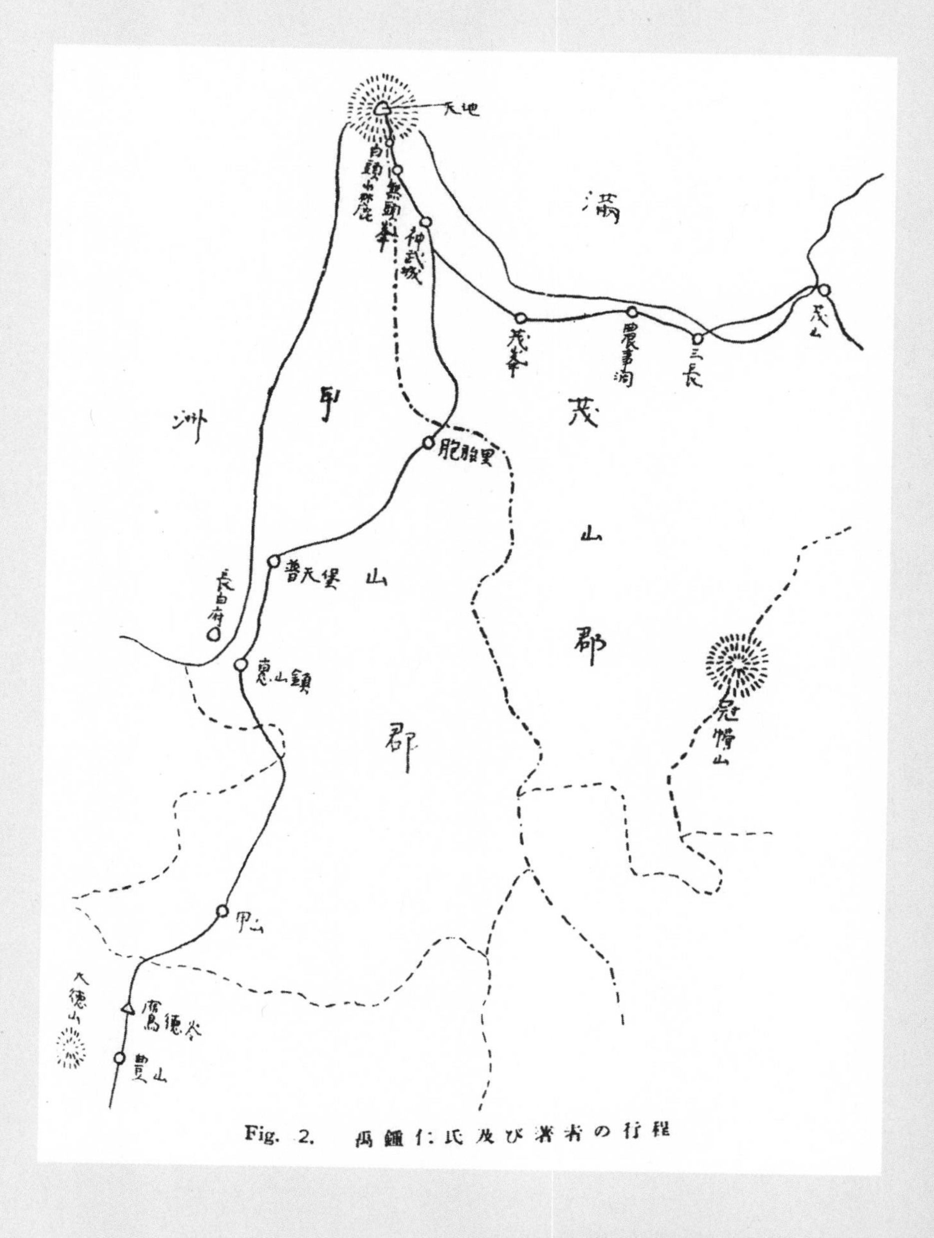

Fig. 2. 禹鍾仁氏及び著者の行程

백두산 나비채집 여행지도 1(1933, 7. 21~8. 10):
석주명과 우종인의 채집경로

Fig. 1. 趙福成及び張在順氏の行程

백두산 나비채집 여행지도 2(1933, 7. 21~8. 10):
조복성과 장재순의 채집경로

그리고 그해 여름방학에는 함경북도와 간도 용정지방을, 1935년에는 충청남도와 전라남북도 일대를, 1936년에는 미국자연사박물관으로부터 경비를 지원받아 전라남도 해안과 제주도를, 1937년에는 경상남도 일대, 사할린과 홋카이도 일대를, 1938년에는 묘향산을 비롯한 우리나라 서부를, 1939년에는 북경, 만주, 몽골 일대를, 1940년에는 함경남북도와 만주 일대를, 1941년에는 중강진을 비롯한 압록강 유역과 평안북도 일대를 채집하였다.

그의 딸 석윤희는 다음과 같이 그를 회상한다.

> 아버지는 매년 이른 봄이면 나비를 채집하기 위해 집을 나서서, 봄과 여름 내내 산에 머물곤 하셨습니다. 아버지가 집으로 돌아오실 때는 단지 발바닥을 치료하러 오실 때뿐이었습니다. 그의 발은 온통 물집투성이였습니다. 아버지는 실 달린 바늘로 물집 하나하나를 꿰어, 실 양쪽을 잘라낸 후 물집 하나하나를 짜내고 말렸습니다. 이렇게 발을 치료하는 데는 며칠씩 걸렸습니다. 며칠 휴식을 취하여 회복이 되면 아버지는 다시 나비 채집하러 나가곤 했습니다. 여름이 지나면 아버지의 얼굴은 마치 아프리카 흑인처럼 새까맣게 변습니다. 그래서 아버지 별명은 '인도까마귀'였습니다. (석윤희, 2008)

송도고보 박물관은 조류학자 원홍구가 재직하던 1930년부터 미국의 유명 박물관들에 조류와 포유류 등의 표본을 보내기 시작하였다. 당시 송도고보 교장이었던 스나이더는 그와 관련된 일화를 다음과 같이 소개하고 있다.

북쪽에서 기차로 조선으로 들어오려면 단둥을 지나 평양과 송도를 거쳐 서울로 오게 되는데, 당시 일본인들은 평양을 '평성(平城, 헤이조)', 송도를 '개성(開城, 가이조)', 서울을 '경성(京城, 게이조)'이라고 불렀다. 그렇기 때문에 기차를 타고 오다가 서울(경성)에서 내려야 할 때 송도(개성)에서 잘못 내리는 경우가 종종 있었는데, 당시 앤드루스(R. C. Andrews)[17] 탐험대원이자 지질학자인 모리스(F. K. Morris)가 고비사막에서 돌아오다 그런 일이 벌어졌다. 모리스는 선교사의 말을 듣고 사태를 파악하고는 곧 우리 학교 박물관을 찾아왔다. 그는 우리를 격려하면서 미국박물관들과 표본들을 교환하자고 했고, 우리 조선인 교사들을 위해 박물관 지위를 확보할 것을 제안하였다. 1930년부터 우리는 조류박제와 포유류 등의 표본을 미국의 박물관에 보내기 시작했고, 1933년 하버드대학 비교동물학 박물관 관장인 바버(T. Barbour) 박사는 우리에게 백두산 나비채집을 위한 재정적 지원을 하였다. 베이츠(M. Bates) 박사는 '나비들은 온전한 모습으로 도착하였고, 지역성을 보여주는 스케치한 지도는 매우 뛰어나며, 우리는 이 자료들을 세심하게 다뤄준 것에 대해 매우 고맙게 생각한다.'는 편지를 보내왔다. 이것은 모두 석주명의 작품이다. 그 이후 매년 석 선생의 책임 아래 조선의 다른 지역과 인근 섬들의 나비채집여행이

17_ 앤드루스(Roy Chapman Andrews, 1884~1960)는 1920~1930년대에 중국과 고비사막에서 공룡 탐험을 한 것으로 유명한 미국의 탐험가로 영화 〈인디아나 존스〉의 실제 모델이라고도 한다.

금강산 수학여행 중 나비채집(1934. 5. 28~31)

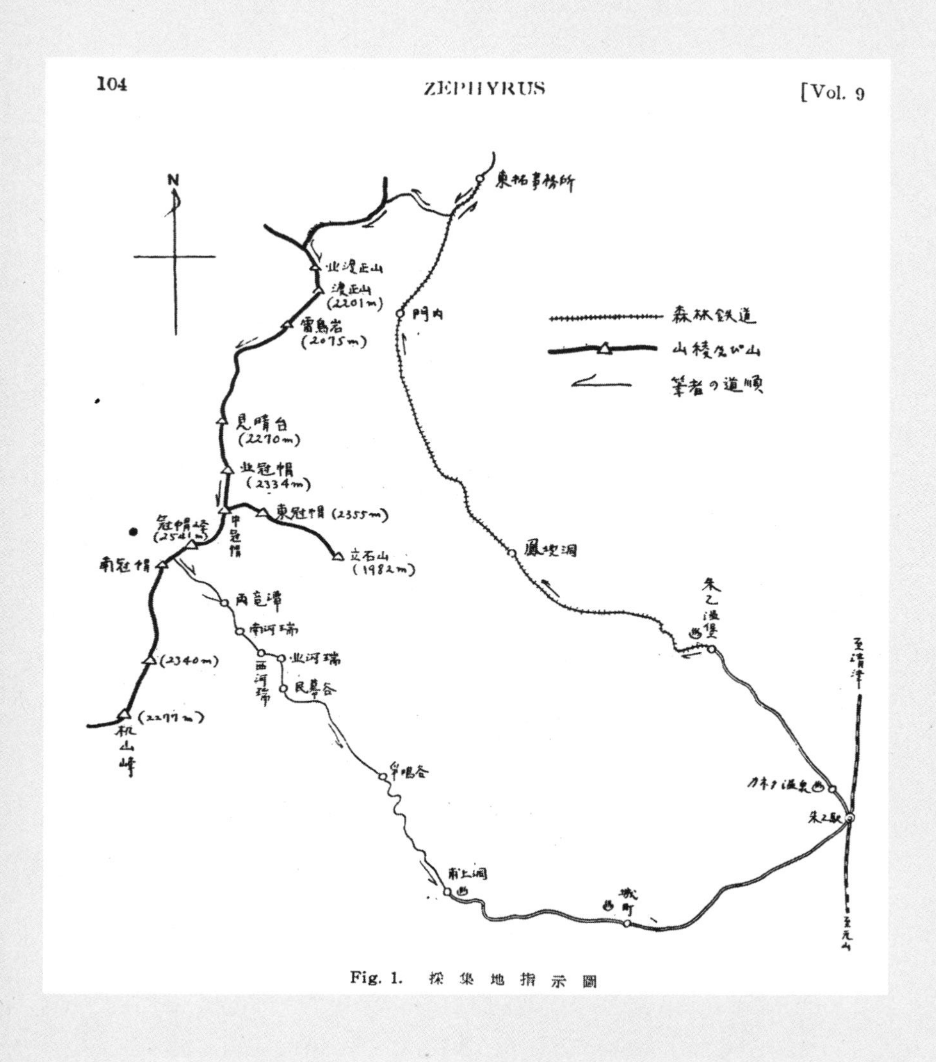

Fig. 1. 採 集 地 指 示 圖

함경북도 관모연봉 나비채집 여행지도(1940, 7. 22~30)

> 이뤄졌다. 뉴욕 미국박물관, 스미소니언연구소, 다트머스의 윌슨박물관, 클리블랜드박물관과 클리블랜드 조류연구재단, 필드박물관 등과 수많은 미국박물관들이 매년 이뤄지는 채집여행에 재정적 지원을 하였고, 우리는 그들에게 표본들을 보냈다. 뉴욕 미국박물관의 왓슨(F. E, Watson)은 '조선으로부터 나비상자들이 안전하게 도착했다. 나비들은 채집 날짜와 지역이 들어 있고 그 모습이 매우 탁월하다. 나비들을 채집한 지역과 지방을 보여주는 지도는 많은 도움을 줄 것이다.'라는 편지를 보내왔다. 프린스턴박물관의 학예사 로저스(C. H. Rogers)는 석 선생이 준비한 표본들을 받고 '우리는 조선에서 보내온 아름다운 나비표본들을 잘 받았다. … 그것들은 오랫동안 우리 곤충 소장품들 가운데 아주 빼어난 것들 가운데 하나가 될 것이다.'라는 편지를 보내왔다.…(*A Synonymic List of Butterflies of Korea* 서문 중에서)

스나이더는 석주명의 학생시절에는 교사로, 교사시절에는 교장으로 송도고보에 재직하면서 그의 됨됨이와 매우 탁월한 학자라는 것을 잘 알고 있었다. 그는 송도고보를 퇴직한 이후에도 미국과 기독교계의 인맥들을 동원하여 석주명의 나비채집과 연구를 지속적으로 지원하였다. 석주명은 그에 대한 고마움으로 1936년 함경북도 경원에서 발견한 나비(*Melitaea politina*)에 '스나이더어리표범나비'라는 우리말 이름을 헌정하였다. 하지만 그 나비는 석주명 사후 국내 생물학계에서는 '경원어리표범나비'로 개명되었다.

석주명의 나비채집과 표본제작 기술은 타의 추종을 불허할 정도로

함경북도 도정산 나비채집(1940. 7. 25), 포충망을 든 석주명과 장재순

함경북도 경성군 보상(甫上) 노상온천에서(1940. 7. 28)

탁월했다. 그 덕분에 그는 하버드대학 비교동물학관, 미국자연사박물관, 뉴욕의 아메리칸박물관, 워싱턴의 스미소니언연구소, 다트머스의 윌슨박물관, 시카고의 필드박물관, 프린스턴박물관 등 여러 박물관과 학술단체로부터 연구비를 지원받을 수 있었고, 그 대가로 조선산 나비 표본과 연구결과를 각 박물관에 보내주었다. 이는 석주명에게는 연구비 지원도 받으면서 세계적 나비전문가들과 교류하게 되는 일석이조의 효과가 있었다. 그는 나비연구가로 인정받은 이후부터는 일본정부로부터 연구비를 받기도 하였다. 그는 나비채집하게 된 배경, 채집일지, 채집지도, 채집성과 등이 담긴 총 12편의 나비채집기를 남겼다.

1. 백두산지방 나비채집기: *Zephyrus*, vol. 5[4] (1934)
2. 조선 동북단지역 접류채집기: *Zephyrus*, vol. 6[3/4] (1936)
3. 제주도 나비채집기: *Zephyrus*, vol. 7[2/3] (1937)
4. 남조선 동물채집기: 『송우』, no. 10 (1937)
5. 사할린, 홋카이도 나비채집기: 『곤충계』, vol. 6 (1938)
6. 개마고태 나비채집기 Ⅰ-Ⅱ: 『곤충계』, vol. 7 (1939)
7. 함북 고지대 나비채집기: 『조선박물학회잡지』, no. 27 (1939)
8. 조선 동북지방 나비채집기: *Zephyrus*, vol. 8[3/4] (1940)
9. 관모연봉 나비채집기: *Zephyrus*, vol. 9[2] (1941)
10. 평북 압록강연안지대 나비채집기: 『조선박물학회잡지』, vol. 9 (1942)
11. 북조선 나비채집기: 『조선박물학회잡지』, vol. 10 (1943)

12. 남조선 나비채집기: 『조선박물학회잡지』, vol. 10 (1943)

그것들은 일제강점기에 발간된 나비학술지, 박물학회지, 곤충학회지에 실려 있고, 2차세계대전과 한국전쟁 등을 거치면서 그 학술지들이 대부분 멸실된 상황이다. 이 가운데 1929년에 창간된 일본 나비동호회 학술지인 『제피루스(Zephyrus)』에는 석주명의 나비 관련 논문 78편 가운데 15편이 실려 있고, 그의 「백두산 나비채집기」, 「제주도 나비채집기」, 「조선 동북단지역 나비채집기」, 「조선 동북지방 나비채집기」, 「관모연봉 나비채집기」 등의 채집기와 '나남지방 나비', '금강산 나비', '울릉도나비', '개마고원나비' 등 채집목록이 실려 있어서 석주명을 연구하는 데 중요한 잡지이다. 뿐만 아니라 『제피루스』 속에는 1929년부터 1947년까지 우리나라, 일본, 중국, 만주, 대만, 동남아시아 등지에서의 나비수집 과정과 결과들이 고스란히 담겨 있어서 아시아의 나비연구에도 대단히 귀중한 자료이다.

필자는 2011년 초에 석주명의 '제주도 나비채집기(齊州島産蝶類採集記)'를 찾는 과정에서 재일조선인 현선윤 교수로부터 자신의 고교 은사이자 일본 나비전문가인 가와조에(川副昭人, 1927~2014) 선생이 소장하고 있다는 것을 알게 되었다. 가와조에 선생은 석주명처럼 중등 교사이면서 일본 나비연구에 빼어난 업적을 남겼다. 그는 일본의 저명한 생물학자인 시바타니(柴谷篤弘, 1920~2011)의 소개로 호주의 한 연구소로부터 『제피루스』를 입수하였다고 했다. 석주명을 연구하던 필자는 그에게 "석주명을 연구하려 해도 자료가 없고 추후에 석주명기

일본 나비학술지 『제피루스』를 기증해준 가와조에((川副昭人, 1927~2014) 선생과 그의 제자 현선윤 교수

념관을 짓는다 해도 전시할 물품이 없다."는 사연의 편지를 보냈다. 오랫동안 소식이 없던 그가 그 해 10월 "이 책들이 한국으로 간다면 돌아가신 석주명 선생도 기뻐하실 것 같다."는 편지와 함께 자신이 소장하던 『제피루스』(1929년 창간호부터~1941년 9집 2호까지), 자신의 저서 『원색일본접류도감(原色日本蝶類圖鑑), 1976』, 엘리엇(Eliot, J. N.)과 공저인 『부전나비 무리의 푸른나비들(Blue butterflies of the Lycaenopsis group), 1983』 등을 보내왔다. 지병을 앓고 있던 가와조에 선생은 2014년 11월 25일 87세의 일기로 세상을 떠났다. 그의 명복을 빈다.

석주명은 채집한 나비들의 종들을 확인하는 과정에서 일본학자들이 다른 종으로 명명한 나비들이 사실은 같은 종, 즉 동종이명(同種異名, synonym)이라는 걸 밝혀냈다. 그는 수많은 개체변이를 관찰하여 동명이명을 가려내는 연구를 시도하였다. 그는 1936년 발표된 「배추흰나비의 변이연구」를 위해 무려 167,847마리 나비의 형태, 무늬나 띠의 색채, 모양, 앞날개 길이를 일일이 조사하고 측정하였다. 그 과정에서 배추흰나비의 앞날개 길이가 최소 17mm 최대 34mm이고, 27mm에서 정점이 되는 정상분포곡선을 그린다는 것을 밝히고, 그동안 크기, 날개형태, 무늬양상 등에 따라 다른 종, 아종, 이형이라고 보고된 배추흰나비의 동종이명인 20여 개 학명을 제거하였다. 그리고 1937년 발표된 「굴뚝나비 변이연구」에서도 34,235마리의 나비 앞날개 길이, 뱀눈무늬의 수와 위치 등을 일일이 조사하였다. 그 결과 굴뚝나비의 뱀눈무늬는 하나도 없는 것에서부터 많게는 12개까지 있으며, 무늬에 따라 68가지 유형이 있고, 수컷과 암컷의 앞날개 길이가 각각 30mm,

35mm에서 정점이 되는 정상분포곡선을 그리며, 그동안 아종으로 보고되었던 10여 개 학명이 모두 굴뚝나비의 동종이명임을 밝혀졌다.

석주명은 개체변이 연구를 통해서 우리나라 나비의 동종이명 921개 가운데 90퍼센트가 넘는 844개를 정리하였다. 그 과정에서 그는 초인적 노력을 하였다. 짜투리 시간도 허비하지 않았고, 가까운 친구가 찾아와도 10분 이상 만나주지 못했으며, 가족들과 함께 보내는 시간마저 아껴야 했다. 그는 평생 새벽 2시 이전에 잠을 자지 않고 점심 먹는 시간도 아끼려고 땅콩으로 점심을 때우는 경우도 많았다고 한다.

당시에 석주명은 그의 인생 전체를 놓고 보더라도 나비연구의 절정기라 할 수 있다. 1937~1939년에 그는 무려 41편의 논문을 발표하여 일본과 조선을 통틀어 우리 나비에 관한 한 독보적인 학자로 발돋움하고 있었다. 그는 1938년 스나이더의 주선으로 왕립아시아학회 조선지부(Korea Branch of Royal Asiatic Society)로부터 영문(英文)으로 조선 나비 총목록을 집필해줄 것을 의뢰받았다. 영국 왕립아시아학회(Royal Asiatic Society of Great Britain and Ireland)는 1824년 왕립헌장에 따라 최고 수준의 아시아 문화학회를 위한 강의, 저널, 출판물 등을 통해 "아시아와 관련된 과학, 문학, 예술을 드높이고 그와 관련된 주제들을 탐구"를 위해 설립된 포럼이었다. 그리고 왕립아시아학회 조선지부는 1900년 서울에서 근거지를 두고 우리나라의 역사, 문화, 자연경관에 대한 학술적 연구를 위한 발판을 마련하기 위해 설립된 단체로 초창기에는 주로 한국과 극동아시아에 관심이 많은 외교관과 선교사들이 참여하였다. 초창기 회원으로는 영국의 대변인 거빈스(J.

『A Synonymic List of Butterflies of Korea』 표지(1940)

Gubbins)와 선교사인 게일(J. S. Gale), 헐버트(H. B. Hulbert), 언더우드(H. G. Underwood), 아펜젤러(H. G. Appenzeller), 스크랜톤(W. B. Scranton) 등이었다.

석주명이 영문으로 된 조선의 나비목록 작성을 쓰게 됐다는 소식을 들은 그의 어머니는 아들에게 당시로서는 구하기 힘든 영문 타자기를 사주었다. 하지만 그녀는 완성된 책을 보지 못한 채 그해 11월 세상을 떠났다. 그는 책을 집필하는 넉 달 동안 일본 도쿄제국대학 도서관에서 우리나라 나비에 관한 책과 논문을 뒤지고, 나비학자들과 토론하면서 밤낮없이 매달린 끝에 1939년 3월 우리나라 나비를 255종으로 정리하고, 각 종에 대한 연구사, 학명의 변천, 이명 등을 정리하였다.

마침내 1940년 6월 영문으로 된 『A Synonymic List of Butterflies of Korea』가 출간되었다. 이 책은 일제강점기에 한국인 과학자가 영문으로 집필한 유일한 책으로 우리말로 '조선산 접류 총목록'('접류[蝶類]'는 '나비'를 뜻함)으로 불리지만 정확히 번역하자면 '한국나비 동종이명 목록'이다. 그는 책의 첫머리에 살아계셨더라면 가장 기뻐하실 어머님을 생각하며 "To the memory of my mother who was incessantly interested in my work during her life(평생 나의 연구에 변함없이 관심을 가져주신 어머님을 기억하며)"라고 그리움과 고마움을 표하고 있다.

가고시마고농 시절 석주명의 스승인 오카지마는 이 책의 서문에서 다음과 같이 극찬하고 있다.

> 가장 신뢰할 수 있는 학자가 예리하게 관찰하고 끊임없이 노력해야 무게 있는 과학적 성과가 나오고, 믿을 만한 출처에서 나온 수많은 자료들이 있어야 그 성과가 보장된다. 석주명은 대단히 부지런하고 열정적인 전문가이다. 나는 그가 곤충학 연구를 처음 시작할 때 놀라운 기술로 수백 개의 작은 표본들을 세심하게 종이 하나하나에 싸서 정확하게 라벨을 붙여서 정리했던 것을 알고 있다. 그렇기 때문에 나는 그를 높이 평가한다. 그는 10여 년 동안 수십만 마리의 조선의 나비를 수집하고 관련된 거의 모든 문헌들을 조사하면서 이 책을 위한 자료들을 모았다. 이 책은 대단히 정확하기 때문에 한반도 나비의 올바른 지역성과 정확한 이름을 알려는 학생들에게 상당한 도움이 될 것이다. 나는 감히 이 책을 이 분야에서 가장 가치있는 책으로 추천하는 바이다.

이 책에는 오카지마의 서문 외에도 석주명을 영국왕립학회 조선지부에 소개했던 스나이더(L. H. Snyder)와 도쿄제국대학 동물학 교수 다나카(田中茂穗, S. Tanaka, 1878~1974)의 서문, 규슈제국대학 곤충학 교수이자 일본나비동호회를 창립하고 『제피루스』를 창간한 에자키(江崎悌三, T. Esaki, 1899~1957)의 후기 등이 실려 있다. 그들은 하나같이 석주명이 심혈을 기울여 이 책을 완성한 데 대해 극찬하면서 나비연구가와 학생들이 반드시 읽어야 할 중요한 책이라 추천하고 있다.

『A Synonymic List of Butterflies of Korea』에 실린 석주명이 명명한 나비들(좌: 앞면, 우: 뒷면)

1.수노랑이(♂) 2.수노랑이(♀) 3.산굴뚝나비(♂) 4.스기다니은점선표범나비(♂)
5.유리창나비(♂) 6.부전나비(♂) 7.긴지부전나비(♀) 8.유리창나비(♀)

그리고 이 책에는 당시 우리나라에서 나온 책으로는 보기 드물게 그가 명명한 한국산 희귀나비인 수노랑이, 산굴뚝나비, 스기다니은점선표범나비, 유리창나비, 부전나비, 긴지부전나비 등 6종 8마리 나비의 앞면과 뒷면 모습이 컬러사진으로 실려 있다. 그가 우리나라 나비를 255개 종과 아종으로 정리한 후에 일부 수정되긴 하였지만, 오늘날까지도 우리나라의 나비연구는 이 책을 기본 텍스트로 삼고 있다.

이 책은 당시 영국돈 1파운드, 미국돈 5달러, 일본돈 10엔으로 상당히 비쌌는데 500부 한정판으로 우리나라와 일본에 300부, 유럽과 미국에 200부를 팔았다. 이 책이 출간되자 '석주명(D. M. Seok)'이라는 이름이 유럽과 미국에까지 알려지고, 그 공로를 인정받아 세계적 나비학자로 올라서게 되었다.

세계적 학자로 명성을 얻게 된 그는 중등교사의 길을 걷는 것에 한계를 느껴 1942년 3월 송도중학 교사직을 사직하였다. 그는 1942년 4월에 송도중학 교정에서 나비표본 60만 마리를 화장한 후에 경성제국대학 의학부 미생물학교실 소속인 개성의 '생약연구소' 촉탁 연구원으로 들어갔다. 비교적 자유로운 신분이 된 그는 그 해 여름 그동안 나비채집이 미진하다고 생각했던 개마고원, 경기도, 강원도, 경상남북도 일대를 채집 여행하였다.

1942년 6월 20일부터 7월 16일까지 26일 동안 개마고원 일대에서 나비채집하면서 기록한 「북조선 나비채집기」 머리말을 보면 당시의 상황을 어느 정도 짐작할 수 있다.[18]

과거 10년간 내가 해온 조선산 접류 연구는 중학교 박물학 교원생활을 하면서 틈틈이 이루어졌으므로 마음먹은 대로 진행되지 않은 점이 많았다. 특히 채집여행을 할 수 있는 기간이라고는 1년에 한 번씩의 여름방학뿐이고 그나마 그 기간도 한정되어 있어서 어려움이 많았던 것이다. 다행히 나는 1942년 3월 31일 송도중학교를 사직하고 나서야(6월 중순까지 이것저것 뒤처리를 한 후) 비로소 날짜에 구애 없이 마음속에 그리던 곳들을 찾아볼 수 있게 되었다. 여정은 청량리-함흥-부전고원-청산령-혜산진-백암-연암-설령-주을-단천-홍군(왕복)-고원-석탕온천-평양-개성이었으나, 주요 코스는 '부전고원-청산령-혜산진'과 '설령-주을' 둘로서 좀 무리한 감이 없지 않았지만, 이 6~7월 좋은 시기란 지금처럼 몸이 자유로운 때가 아니고서는 계획조차 세워볼 수 없는 일이기에 결행하기로 했다.

'부전고원-청산령-혜산진'과 '설령-주을' 코스는 인가가 아주 드문 함경도 지방에서도 벽지 중의 벽지였다. 이 지역의 생물분포는 참으로 재미있고 또 풍부했는데, 이 지역을 답사한 생물학자들이 아직 없었던 것은, 교통기관이 없어 도보여행을 할 수밖에 없는데다가 많이 불편했기 때문이었다. 사실 청산령 전후의 140리(능구-삼덕)와 설령 전후의 145리(상촌-보상)에는 인가가 전혀 없었는데, 설령 코스에서는 텐트마저 갖고 가지 않아 어려움을 겪었다.

이 여행의 채집품은 6과 128종 3,000마리로서 성적은 만점이었다. 신

18_ 석주명의 「북조선 나비채집기」는 1943년 『조선박물학회잡지』, vol.10에 일본어로 실린 것을 이병철이 번역하여 『석주명 평전』 그물코, 2011, 133~146쪽에 실었는데, 여기서는 133~134쪽을 인용하였다.

송도중학 박물관 60만 마리 나비표본 앞에 선 석주명(1942. 4. 18)

송도중학을 떠나며 나비 화장하다(1942. 4. 18)

> 종과 미기록종은 없었지만, 진희종(珍稀種)이어서 많이 채집할 수 없던 것들을 풍부히 채집했으며 그 중에서 재순지옥나비를 34마리나 채집한 것은 너무나 큰 수확이었다. 도중에 비를 만난 일은 있었지만 그 때문에 쉰 날은 하루도 없었고, 26일 동안 기차 안에서 보낸 날은 7월 14일 하루뿐, 항상 많고 적음을 불구하고 128종이나 채집할 수 있었다. 덕분에 나 혼자의 여행임에도 불구하고 128종이나 채집할 수 있었는데, 나비 종류가 풍부한 지대라는 점과 여행시기와 날씨가 좋았다는 것도 큰 행운이라 생각했다.

그는 개마고원 일대의 채집여행을 마치고 보름 남짓 휴식을 취한 후 8월 2일부터 23일까지에 다시 경기도, 강원도, 경상남북도 일대의 나비채집여행을 떠났다. 이에 대한 기록은 1943년 『조선박물학회잡지』 10호에 「남조선 나비채집기」라는 이름으로 실려 있다.

전국 나비채집여행을 마친 석주명은 나비수집자로서 생활을 일단락 짓기 위해 9월 2일부터 16일까지 서울 미나카이(三中井)백화점에서 경성일보사와 조선박물학회 주최로 세계의 아름답고 진귀한 나비 5,000여 점을 출품하여 '세계의 나비전람회'를 개최하여 장안의 화제를 모았다.

제주도 박사

석주명은 나비박사와 더불어 제주도 박사라는 별칭도 갖고 있다. 그는 스나이더의 알선으로 미국자연사박물관의 지원을 받아서 1936년 7월 21일부터 8월 22일까지 한 달 남짓 제주도에서 나비를 채집하였다. 제주도는 1935년 오사카 마이니치신문이 주최한 조선팔경에서 1등으로 당선되기도 하였고, 그가 처음 올 당시 따뜻한 섬, 해녀의 섬, 풍광이 빼어난 섬, 동경의 섬 등으로 알려져 있었다. 그는 한라산, 깊은 계곡, 바다와 숲, 우마를 방목하는 중산간 초원 등을 품은 제주도는 거의 완벽한 풍경이라 예찬하고 있다. 하지만 그가 제주도에서 온 것은 아름다운 풍광에 매료되어서라기보다는 1933년부터 계획된 나비채집의 프로그램의 일환이었다.

그가 제주에서 나비채집을 하던 1936년 여름엔 독일 베를린올림픽이 열렸고, 제주여행을 마친 후 손기정 선수가 마라톤에서 우승한 소식을 들었다. 제주도 나비채집여행에 동행한 조수로는 제자 우종인

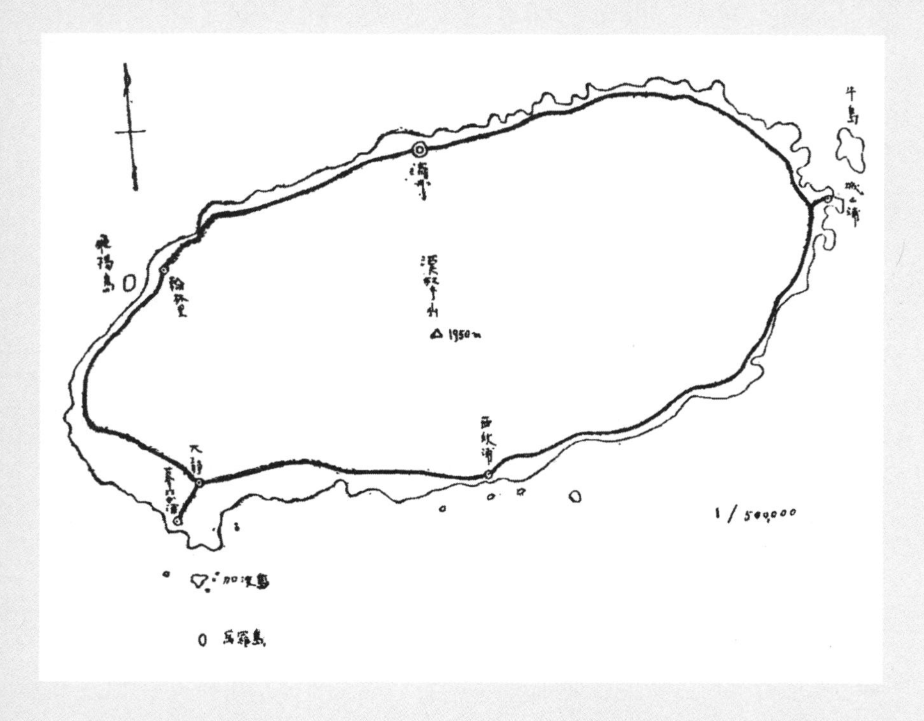

제주도 나비채집지도1(1936. 7. 21~8. 22)

과 동생 석주일인데, 그들은 1933년 백두산에서 나비채집을 할 때도 동행한 바 있다. 그는 제주섬을 일주하고, 제주읍, 삼성혈, 사라봉, 별도봉, 열안지오름, 삼의양오름, 관음사, 표고버섯산막, 칡오름, 한라산, 백록담, 영실, 서귀포, 미악산, 섶섬, 성산포, 덕수리, 모슬포, 가파도, 산방산, 한림 등을 답사하면서 모두 58종의 나비를 채집하였다. 그는 나비채집여행을 하는 동안 제주문화의 독특함에 매료되어 7년 후에 다시 제주도를 찾게 되었다.

그의 제주도 나비채집기록은 1937년에 발간된 『제피루스』의 「제주도산접류채집기」에 실렸는데, 거기에는 채집일지, 채집지도, 채집목록 등이 들어 있다. 그의 나비채집기를 읽다보면 그와 함께 나비채집을 하는 것같이 생생하게 느껴질 정도로 그의 글솜씨는 뛰어났다. 「제주도의 회상」에서는 제주의 자연과 문화에 대해서 소개하면서, 한라산 등산로 속밭 근처를 '한라정원'이라 극찬하고, 제주도 하천들은 큰비가 올 때만 물이 흐르는 특징이 있다고 밝히고 있다. 그는 제주도에서는 조를 파종한 후에 소나 말로 밟으며 노동요를 부르는데 그 의미는 알 수 없지만 어딘가 낭만적인 데가 있어서 포충망을 옆에 놓고 황홀하게 그 노래를 들었다고 하고 있다.

그는 가파도에 대해서도 비교적 자세히 소개하고 있다. 그에 따르면, 당시 인가가 170여 호, 인구가 700여 명으로 성인남자는 어부, 여자는 해녀물질을 하고, 신유의숙이라는 개량서당이 있어서 40세 이하에는 남녀불문하고 글 모르는 사람이 한 명도 없으며, 가파도의 명물로 큰 전복, 참외, 자리회를 꼽고 있다. 그리고 그는 가파도 아이들이

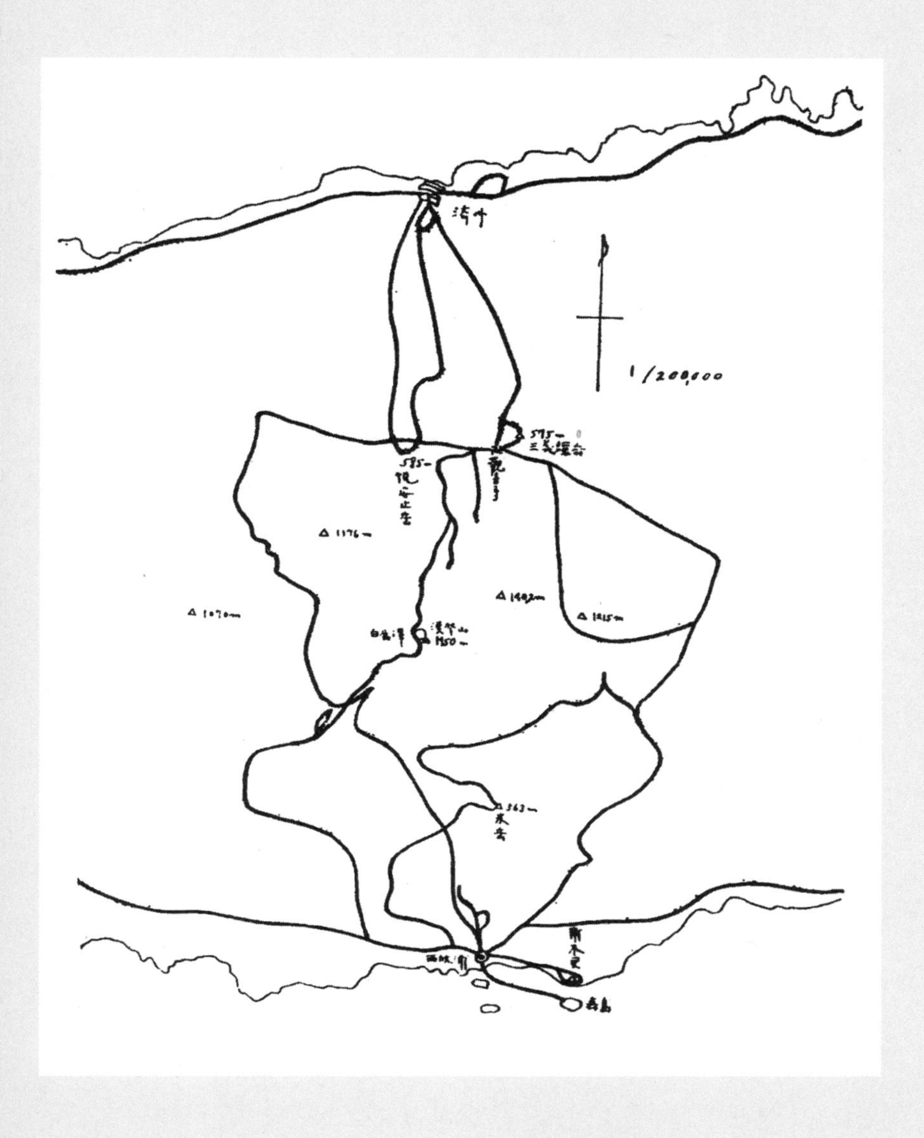

제주도 나비채집지도2(1936. 7. 21~8. 22)

바다에서 자유롭게 헤엄치던 모습을 보면서 먼 훗날 올림픽 수영선수가 될 거라고 예감하기도 하였다.

그는 제주도에 오기 이전에도 풍광이 아름답고 언어와 문화가 육지와 다르다는 얘기는 들었지만, 나비채집여행을 하면서 사람들이 인심이 좋고 언어와 풍습이 특이하다는 것을 직접 알게 되었다. 그러한 제주에 대한 인상이 나중에 그를 제주도 연구에 몰입하게 만드는 계기가 되었다.

석주명은 그로부터 6년 후인 1942년 4월 경성제국대학 개성 생약연구소 촉탁연구원이 되었고, 그 이듬해인 1943년 4월부터 1945년 5월까지 2년 남짓 제주도로 내려와 생약연구소 제주도시험장(주민들은 '약초원'이라 불렀다)에서 근무하였다. 당시 제주도시험장에서 그의 기본 업무는 보리, 밀, 메밀, 조, 피, 콩, 고구마, 감자 등 주요 작물의 파종량을 다른 지역과 비교하고, 목향, 아주까리 등 약초를 시험재배하는 것이었다.

생약연구소 제주도시험장에서 주요 작물과 약초를 재배하는 일을 도왔던 김남운(1920~1998)은 당시를 다음과 같이 회고한 바 있다.

> 석주명 선생의 지시로 일본출장을 갔다가 일본 다카라스카(寶塚)곤충관에 들른 적이 있다. 그곳에 석주명 선생의 곤충표본이 있어서 깜짝 놀라 일본인에게 이유를 물었더니 "석주명은 세계적인 곤충학자여서 그의 표본을 비치하였다."고 해서 고개를 숙인 적이 있다. 나는 밀감묘목, 유채, 겨자 등을 시험재배하여 제주도에 처음으로 보급하였는데, 이 모든

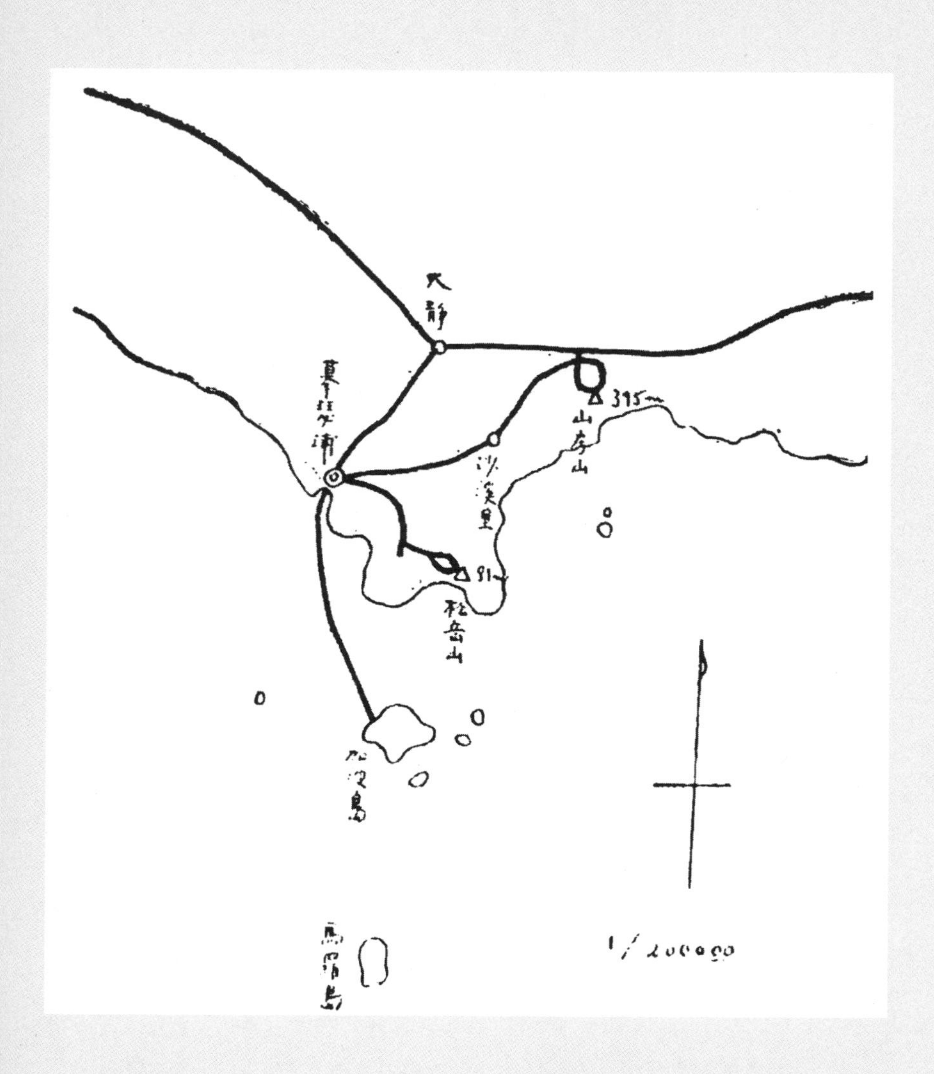

제주도 나비채집지도3(1936. 7. 21~8. 22)

> 것이 '연구소의 본분은 나라를 위해 뭔가 개발해야 하는 것이다'는 석주명 선생 말씀 덕분이다. (KBS TV인물 열전 <나비박사 석주명> 1980년 인터뷰에서)

석주명과 알고 지내던 부친의 심부름으로 그에게 귤을 전달하러 약초원을 다녀온 적이 있는 오홍석(1934~)은 다음과 같이 어렴풋이 당시를 회상한다.

> 약초원에는 많은 종류의 실험용 약초를 재배하였다. 넓고 평평한 농장형태의 중심부에는 몇 채의 신식건물을 세워놓고 있었고, 토지구획부터가 그동안 주변에서 보아왔던 형태와는 달랐다. 가로와 세로가 직선이면서 직각으로 연결된 격자식의 형태였다. 그 위에 재배되는 식물들은 블록마다 종류를 달리하고 있었으므로 규칙적 배치이면서 다양한 모습이었다. 놀라운 것은 농장의 끝머리까지 아득하게 직선 농로가 뚫려 있고, 그 길을 따라 한 대의 마차가 오는 유별난 풍경이었다. 마차 위에 탄 사람이 석 선생임을 직감하고 그 자리에 멈춘 채 마차가 오기를 기다렸다. 장비를 끄는 말도 제주 조랑말과는 다른 몸집이 큰 호마였고, 마차는 융단으로 자리를 덮고 있었으며, 마차에 동승한 부인은 긴 드레스 차림의 양장미인이었다. 안내를 받고 집안으로 들어가니 응접실엔 서가(書架)로 가득 찼고, 신식 응접세트며 조용하고 정갈한 분위기에 달콤한 다과까지 대접받았다. 어린 나로서는 난생처음 경험이었다. (오홍석, 2005)

그리고 당시에 서귀남소학교에 다녔던 석주명의 외동딸인 석윤희(1935~)는 다음과 같이 회상한다.

> 나는 어린 시절에 아버지의 직장 전근 때문에 초등학교를 여섯 군데나 옮겨 다녔습니다. 내가 여덟 살 때쯤 아버지가 경성제대 생약연구소 제주도시험장 책임자로 근무하게 되어 제주도로 이사 오게 되었습니다. 제주도시험장은 서귀포에서 몇 킬로미터 떨어진 곳에 있었습니다. 우리는 제주시험장 건물 건너편 주택에서 살았습니다. 그 당시 우리 집 주변엔 집도 건물도 없는 황량한 들판이었습니다. 다른 전통적인 가족들처럼 아버지가 하시는 일이 우리 가족 생활의 중심이었습니다. 아버지가 아침 일찍 일하러 가시면, 나는 매일 말이 끄는 마차를 타고 서귀포에 있는 일본 초등학교인 서귀남소학교로 갔습니다. 하지만 학교가 끝나면 혼자 집에까지 걸어와야 했습니다. 어머니는 가사를 돌보시면서 마당에 작은 꽃나무와 채소를 가꿨고, 가끔씩 나타나는 여러 종류의 뱀들과 싸움을 벌여야 했습니다. (석윤희, 2008)

석주명은 약초재배나 나비채집보다 제주도의 방언, 전설, 문화 등에 더 관심이 많았다. 그는 우선 제주방언을 알기 위해 『조선어대사전』을 갖다놓고, 생약연구소에서 근무하던 서귀포 출신 김남운에게 물으면서 제주방언을 수집하였다. 그는 지역문화가 다양해야 민족문화가 융성하게 되고, 여러 민족문화의 다양성이 인정되어야 인류문화가 풍성해진다는 것을 알고 있었고, 제주의 언어와 문화를 자세히 살

경성제대 생약연구소 제주도시험장(현 제주대 아열대생명과학연구소)

경성제대 생약연구소 제주도시험장 연구실

딸 윤희의 서귀남소학교 시절(1944) 둘쨋줄 오른쪽 세 번째 여학생

펴보면 한국의 옛 모습 내지 진정한 모습을 말해주는 자료가 많기 때문에 진정한 한국의 모습을 찾으려면 제주도의 자료에서 찾아야 한다는 것을 깨달았다. 그는 제주의 가치를 발견하고 제주를 진심으로 사랑했고, 하루바삐 우리 지식인들이 제주도의 자료를 수집하여 체계를 세울 것을 주장했다. 그리고 누군가 그것을 해주기를 기다리지 않고 곤충과학도였던 그가 몸소 제주도의 인문, 사회, 자연에 대한 자료들을 정리하였다. 그가 그처럼 제주도 연구에 몰두했던 것은 넓게 본다면 국학연구의 연장이었다.

석주명이 해방 직전 2년여 동안 제주도에 체류한 것은 매우 큰 의미를 지닌다. 당시는 제주도의 자연과 문화에서 제주적인 것들이 아직 많이 남아 있었고, 석주명 자신으로서는 학문의 수준이 거의 절정에 달해 제주도에 대한 자료를 수집하기에 최적기였다. 그의 학문 전체를 놓고 볼 때, 제주도 연구 이전과 이후는 확연히 다르다. 석주명 선생이 제주에 오기 전까지는 에스페란토 관련 글들을 빼고는 대부분은 나비와 관련된 것이다. 그러나 그가 제주도 연구를 하면서 그의 관심 분야는 인문학과 사회과학까지 확장된다. 그가 수집했던 제주도 관련 자료들은 나중에 분석 정리되어 여섯 권의 제주도 총서로 발간되었고, 그렇기 때문에 우리는 그를 제주도 박사, 제주학의 선구자라 부른다.

석주명은 해방 직전인 1945년 5월 제주도를 떠나 개성에 있는 경성제대 생약연구소 본소로 복귀한 후 곧바로 자신의 전문 분야인 경성제대 수원농사시험장 병리곤충부장으로 자리를 옮겼다. 그는 제주를 떠나서도 서울에서 해방 직후부터 4년 동안 제주도와 관련된 각종

신문기사들을 거의 빠짐없이 모으고 분석하기도 하였다. 그는 1948년 2월에 다시 제주를 찾아 섬을 일주하고 해방이 되면서 육지인이 들어오고 육지문화가 퍼지면서 제주적인 것들이 사라져 가는 것을 안타까워하면서 그 감회를 신문에 기고하였다. 그는 누구보다 제주를 잘 알고 사랑했던 영락없는 반(半)제주인이었다.

빛나는 금자탑

8 · 15해방이 되자 그는 일제강점기에 채집, 조사, 연구했던 나비, 에스페란토, 제주도 등과 관련 성과들을 우리말 저서로 발간할 계획을 세운다. 일제강점기에 에스페란토의 효과와 위력을 체험한 그는 1945년 12월 조선에스페란토학회 창립 발기인으로 참여하였다. 그는 대중들이 국제어이자 세계평화 언어인 에스페란토로 외국인과 소통할 수 있도록 에스페란토 강습회를 열고, 경성대학, 국학대학, 홍익대학 등 여러 대학에서 에스페란토 강좌를 개설하였으며, 신문과 잡지에 에스페란토의 필요성을 기고하면서 에스페란토운동을 주도하였다. 그리고 1947년 6월 기본 단어 2,270개가 부록으로 실린

『국제어 에스페란토 교과서 부(附)소사전』(1947)

제5회 에스페란토 강습기념(1949.8) 앞줄 왼쪽에서 두 번째

제3회 국토구명사업 소백산맥 학술조사(1947. 7) 둘째줄 오른쪽 두 번째

에스페란토 교과서를 펴냈는데, 예문이 풍부해서 강습용으로 좋다는 평가를 받으면서 삼판(三版)까지 찍었다.

그리고 나비채집을 하며 전국 산하를 누볐던 그는 1946년 6월 조선산악회 제1회 총회에서 창립에서 이사로 선출된다. 그리고 그는 조선산악회 주최하는 여러 차례의 국토구명사업, 즉 오대산 · 태백산맥(1946. 7~8), 소백산맥(1947. 7), 차령산맥(1948. 8), 선갑도 덕적군도(1949. 6), 다도해(1949. 8) 등의 학술조사 대장으로 참여하면서 우리나라 자연과 문화의 실태를 규명하는 데 힘썼고, 1950년 한국산악회 총회에서는 부회장으로 피선되기도 하였다.

1946년 9월 석주명은 그의 마지막 직장이었던 국립과학박물관 동물학연구부장으로 취임하였다. 그는 이듬해인 1947년에 중등 생물교과서를 집필하고, 한국산 나비 248종의 우리말 이름을 지어 '조선생물학회'에서 통과시키고, 『조선 나비이름의 유래기』를 발간했다. 오늘날 우리가 부르는 나비이름은 대부분 그가 지은 것이다. 그는 '제주왕나비'의 이름 유래에 대해서 다음과 같이 밝히고 있다.

*Danaus tytia*의 종명(種名)이요, 속명(屬名)이요, 또 과명(科名)으로 우리 조선에는 1과 1속 1종이 날 뿐이다. 조선서는 중조선(中朝鮮) 이남에 분포하고 서조선이나 북조선에는 보기 어려운 남방 계통의 우미(優美)한 종류이다. 제주도에서만은 전도(全島)에서, 즉 해안에서부터 산꼭대기까지 널리 분포해 단연 제주도를 대표하는 나비라 할 수 있겠다. 필자는 1945년 이 나비를 제주의 대표나비로 하고 '영주왕나비'라는 이름으로 발

표한 일이 있다. ‘영주’는 제주도의 옛 이름이다 (1947c).

『조선 나비이름의 유래기』(1947)

그는 나비연구와 제주방언을 연구하는 과정에서 수많은 우리 고전들을 연구하였다. 그가 아름다운 우리말로 나비이름을 지을 수 있었던 것도 그러한 내공의 산물이었다.

한편, 그는 어린이신문과 주간지에 글을 기고하여 어린이들에게 과학에 대한 꿈을 심어주었고, 중등교과서인 『중등동물』과 『중등과학 생물』을 펴냈다. 그리고 그는 《서울신문》, 《연합신문》, 《국도신문》 등의 신문과 《소학생》, 《주간서울》, 《현대과학》, 《과학나라》, 《신천지》 등 잡지에 과학의 대중화를 위한 글을 수십 편 기고했고, 방송의 여러 프로그램에도 출연하여 재미있는 달변으로 과학뿐만 아니라 다양한 주제를 놓고 사회적 명망가들과 대담을 진행하기도 하였다.

석주명이 지은 중등동물 교과서

석주명은 제주도에 근무하면서 수집한 자료를 해방 직후 여섯 권의 총서로 출간할 계획을 세웠다. 서울신문사출판국의 호의로 2개월에 한 권씩 모두 1년 동안에 다 마칠 생각이었지만 그 가운데 『제주도 방언집』, 『제주도의 생명조사서』, 『제주도 문헌집』만 생전에 출간되었다.

『제주도 방언집』(1947)

『제주도 방언집』은 제주도 총서 제1집으로 1947년 12월 세상에 나왔다. 이 책은 일반 사전이라기보다 제주방언을 표준어에 대응시킨 어휘집이자 연구서로 곤충학자였던 석주명을 국어학자의 반열로 끌어올리는 계기가 되었다.

석주명은 제주도 현지에서 제주방언 7,000여 어휘를 수집하였으며, '제주어'라는 명칭을 처음으로 사용하여 외딴 섬의 방언을 표준어와 어깨를 나란하게 했다. 그리고 그는 제주시험장에 함께 근무하던 서귀포 출신 김남운과 애월 출신 장주현의 도움으로 제주방언을 수집하는 과정에서 제주방언이 한라산 남쪽과 북쪽이 다르다는 걸 확인하게 된다. 이를테면 마늘장아찌를 '마농지/대산이짐치', 문어를 '물꾸럭/문게(문어)'라 한다는 것이다. 훗날 김남운은 그 과정에서 있었던 잘못을 다음과 같이 인정하고 있다.

> 나는 석주명 선생의 제주방언 수집을 돕는 과정에서 비어(卑語)로 말했던 두 가지가 마음에 걸린다. 그가 '처녀'와 '기혼부인'을 제주어로 뭐냐고 묻자, 언뜻 생각이 안 나서 처녀를 비천하게 말할 때 '비바리'라 하고,

濟州語	標準語
코간전몰	콧줄이흰말
코글래기=코	올가미
코놋나	올가미노타
코대	눈살
코대에바농세암직이몰성어린다	눈살찌푸리다
코롱코롱	콜콜
코막산이	코맹맹이
코막은소리	콧소리
코멜색이=코펭챙이=펭창코	벽장코 납작코 빈대코 찡찡이
코박새기	조롱박 (바가지)
코소롱ᄒᆞ다=코스롱ᄒᆞ다	고소하다
코스롱ᄒᆞ다	//
코쏠다	코싯다
코시	고사 (告祀)
코싱ᄒᆞ다=쿠싱ᄒᆞ다=쿠숭ᄒᆞ다	구수하다
코장태	코달린『장태』
코콕	조롱박 (植物)
코쾌렝이 (南部語)	코싹지 (北部語—코푸렝이)
코펭챙이=펭창코=코멜색이	벽장코 납작코 빈대코 능충이
코푸렝이 (北部語)	코싹지 (南部語—코쾌렝이)
코홀채기	코흘리개
콕바가지=콕작박	쪽배지 당숙박
콜 (接尾語)	자루 (꿍이에만使用 例 한콜 두콜 세콜等)
콜롱콜롱	쿨룩쿨룩
콜콜히=주세이	자세히
콥=곱	쇠기름
콥대산이=곱대산이=곱다산이=대산이	마늘
콥재기	쪽자기
콧둥이=콧ᄯᆞᆼᄒᆞ게	가즈런이 가즈런하게
콧돌래=쇠콧돌래	소코뚜레
콧소리ᄒᆞ다	코골다
콩각매기=콩쇡죽=콩쇠절	콩싹지
콩싹물 (北部語)	콩쇠투리
콩싹지 (南部語)	//
콩쇡죽=콩각매기=콩쇠절	콩싹지
콩쇠절	//
콩생에콜=콜꽁생에콜	E. cristata f·saxatilis.Kom.
콩썹=전어 (田魚)	콩입
콩추룸=콩지름	콩나물
콩추생이=콩추시	콩엿득
콩추시	//
콩지	콩자반
콩지름=콩추룸	콩나물

濟州語	標準語
콩착	짜개
콩텡이 (南部語)	낫낫티(北部語—콩깨비)
콩콤이=좀상히	쏨쏨히
콩칼	—— (クロイチゴ)
콰창	쥐오줌풀 (길초)
쾨기리 (南部語)	코끼리
쾨키리 (北部語)	//
쿠—	쐐
쿠다 (語尾)	겟습니다 (//)
쿠룽쿠룽	쿨쿨
쿠상낭=ㅁ래수기	전나무
쿠세	버릇
쿠세=술쿠세	주정
쿠숭쿠숭	구수한냄새
쿠숭ᄒᆞ다=쿠싱ᄒᆞ다=코싱ᄒᆞ다	구수하다
쿠싱ᄒᆞ다	//
쿠—쿠—	쐐쐐
쿤지쿨 (南部語)	사위질빵 (北部語—쇠)
쿨 (接尾語)	①폴 (單) ②대 (約다섯대以上에만『가지』를使用)
쿨렁=굴레이=굴렁지	구렁 (四所)
쿰	①품 (稷) ②삭 (賃金) 일쿰——일삯 쿰일——삯일
쿰가품	품가품
쿰나	품다
큇가시낭=굿가시낭=큇낭	구지뽕나무
퀭퀭	쏭쏭
퀴눈이	터눈
퀴다=튀다	뛰다
큇낭=굿가시낭=굿가시낭	구지뽕나무
큇낭열매=간절미	구지뽕나무열매
큰 (接頭語)	큰 맛 (//)
{큰 ① 소근② {큰 ① 셋 ② 조근③ {큰 ① 셋 ② 말젯③ 소근④	{큰 ① 셋 ② 큰말젯 ③ 소근말젯④ 소근 ⑤
큰개	대뜨리大繡毬 (中文面)
큰다=둥근다	잠근다 (漬、浸)
큰말젯 (接頭語)	다섯중세째 (//)
큰말젯놈	다섯중셋째놈
큰한집	마마 (『조근한집』은『홍역』) 天然痘
클	①채 (棟)
안클—안채	
밧클—바깥채	
	②롤
베클—베틀	

(86)

『제주도 방언집』의 일부(86쪽)

과부가 과부답지 못하여 나쁘게 칭할 때 '넹바리'라 하는 것을 생각하여, 처녀를 '비바리', 기혼부인을 '넹바리'라고 대답했던 것이다. (KBS TV인물열전 <나비박사 석주명> 1980년 인터뷰에서)

석주명은 제주방언의 어휘를 수집하는 데 그치지 않고, 육지의 다른 지역 방언과의 공통점과 차이점을 비교하여 제주방언이 독자적이라는 점을 밝혔다. 뿐만 아니라 그는 제주방언 가운데 골래기(쌍둥이), 고고리(이삭), 고장(꽃), 굴메(그림자), 귀마리(복사뼈), 노을(폭풍), 보미(녹), 하다(많다) 등이 우리말 고어(古語)에서 유래되었음을 밝히면서 제주방언이 우리말 역사를 연구하는 데 매우 중요하다는 점을 강조하였다.

그는 1949년 3월 발간된 『제주도의 생명조사서-제주도 인구론』을 발간하였다. 이 책이 출간될 당시 제주도는 참혹한 비극인 제주 4·3을 겪게 되고, 특히 조사 대상이었던 중산간 마을들은 폐허가 되고 말았다. 그렇기 때문에 그는 책의 서문에서 이 책은 출판과 동시에 고전이 되었다고 자평하고 있다.

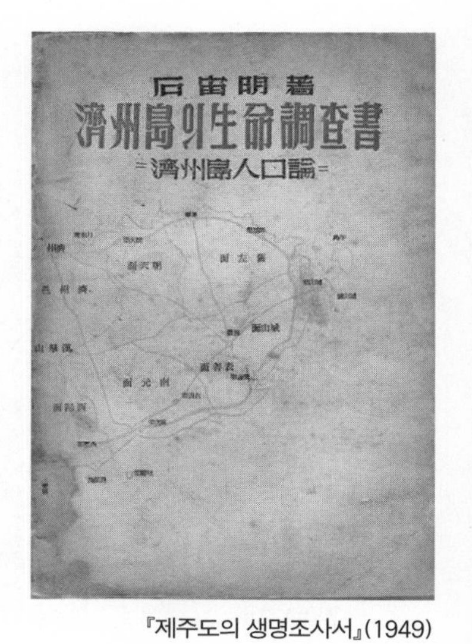

『제주도의 생명조사서』(1949)

그는 나비를 측정하고 통계내고 분류하는 과정에서 터득한 방법을 인구조사에서도 응용하였다. 수십만의 나비를 측정하고 통계내어 분류했던 것처럼, 제주

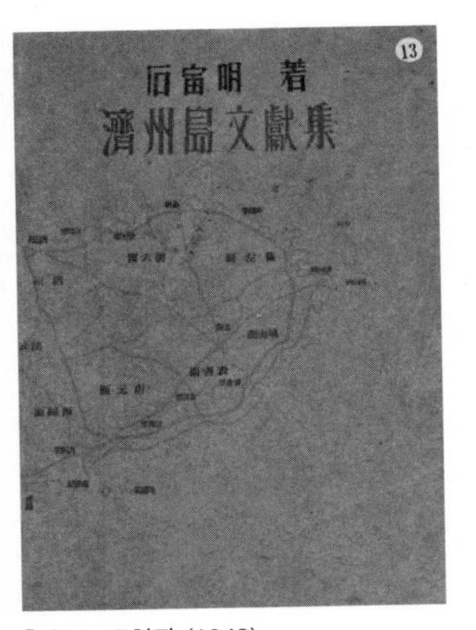

『제주도 문헌집』(1949)

도의 마을별, 나이별, 성별, 생사별, 거주지와 출가자 등의 인원수를 일일이 조사하여 통계내고, 분석하여 제주도 인구의 특징과 그것의 자연 및 사회 환경 등의 원인을 추리함으로써 당시 제주사회의 실태를 규명하였던 것이다.

1949년 발간된 『제주도 문헌집』은 석주명의 제주도에 대한 관심범위와 깊이를 잘 보여준다. 이 책은 제주도와 직접 관련되거나 언급된 문헌들, 기상, 해양, 지질광물, 식물, 동물, 곤충 등 자연분야 400여 편, 언어, 역사, 민속, 지리, 농업, 정치, 행정, 사회, 위생, 교육, 종교 등 인문사회 분야 600여 편을 정리해놓았다. 그리고 그 가운데 제주도 연구에서 반드시 필요한 제주도에 직접 관계되거나 제주도를 논급한 논저들을 따로 추출하여, 후세대 제주도 연구자들이 관련문헌을 쉽게 찾아볼 수 있도록 하였다.

그는 『제주도 문헌집』에서 제주도에 대한 총체적 연구를 '제주도학', 제주방언을 '제주어'로 부르고, 자신을 분명히 제주도학 연구자로 명시하면서 스스로 제주도학의 독보적 존재임을 자부하고 있다. 우리는 여기서 그가 제주도를 총체적이고 입체적으로 연구한 제주학의 선구자라는 것을 확인할 수 있다.

해방이 되면서 그의 절실한 꿈은 그동안 수집하고 분석한 나비와 제주도에 대한 자료들을 하루빨리 우리 민족 앞에 발표하는 것이었다. 우리나라 나비 분포를 한국과 세계지도에 그린 500여 장의 지도는 그의 분신이나 다름없는 것이었다. 그는 잠잘 때도 "이건 내 생명이디요. 이거이 없어디문 난 둑은 목숨이나 마탄가디야요." 하며 껴안고 잤다. 그의 『한국산 접류 분포도』 원고를 비롯하여 미발표 논문인 「한국산 접류의 연구 II」, 「제주도 총서 4, 5, 6집」 「세계박물학연표」 등의 원고와 그동안 발표된 논문, 기고문 등은 하루 속히 책으로 출간될 날만 기다리고 있었다. 그는 한국전쟁 중에도 지하실에서 타자를 두드리며 우리나라 나비 분포와 연구사를 완성하고, 제주도 총서의 완간을 위해 매진했다.

한국전쟁이 발발하던 1950년 6월에 『제주도 수필』은 이미 교정완료되고, 『제주도 곤충상』은 활자까지 다 뽑아냈으며, 『제주도 자료집』은 탈고된 상태였고, 『한국본위의 세계박물학연표』도 탈고되어 국학자 정인보(1893~1950)의 추천사까지 받아놓은 상태였다. 하지만 그것들을 출간하려던 꿈은 안타깝게도 한국전쟁으로 무산되고 말았다.

그는 진정한 민주주의 조국건설과 문화적 발전을 목적으로 학술운동에도 참여하였다. 1949년 7월에 창립된 국제학술원의 자연과학강좌에 김준민, 윤일선. 박종홍 등과 강사로 참여하였고, 1950년 7월 전시 조선학술원[19]에 우장춘, 안동혁, 윤일선, 이승기, 이원철, 이태규, 조

19_ 조선학술원(朝鮮學術院)은 1945년 8월 좌우 지식인들이 골고루 망라되어 새로운 국가건설기를 맞아 경제체제 재건과 국토계획에 관한 근본적 검토와 신정부의 요청에 대한 국책 건의안을 준비하기 위해 창립된 학술단체로 인문사회과학자뿐만 아니라 자연과학, 의학, 공학 분야 지식인들도 상당수 참여하였다. 정부수립 후인 1949년 여름 '대한학술원'으로 명칭으로 바뀌고 역할도 정부 기념행사를 주관하는 것으로 변화되었다가 한국전쟁 중인

국립과학관 연구실에서(1949. 9. 14)

복성, 도복성, 도상록, 윤일선 등 수학자, 과학자, 의학자 등과 김계숙, 박종홍, 신남철, 이병도, 이병기 등 철학자, 사학자, 문학가 등과 함께 참여하기도 하였다. 하지만 그는 인민군 치하 3개월간 나비와 제주도 관련 저서들을 출간 준비하느라 다른 일을 할 겨를이 없었고, 전세의 급변화로 어떤 영향력을 행사하거나 자체 활동을 남기지는 못했다.

한국전쟁은 문자 그대로 석주명에게도 돌이킬 수 없는 비극을 불러왔다. 1950년 9 · 28서울수복 과정에서 국립과학관 화재로 나비표본 15만 마리가 소실되었고, 그로부터 며칠 후 그는 세상을 떠났다. 당시에 그를 만났던 언론인 홍종인(洪鍾仁, 1903~1998)은 다음과 같이 회고하고 있다.

그를 마지막으로 만난 게 9 · 28서울수복 직후인 9월 29일인가 30일인 것으로 기억된다. 그는 동대문 근처 건물 지하의 초라한 골방에 원고를 쓰고 있었다. 그는 나에게 '지금 내가 할 일은 대체로 다했다. 그동안 써뒀던 원고들을 석 달간 숨어서 정리했다. 그대로 출판사에 넘기면 출판

1950년 7월 북한군이 서울을 점령하고 있을 당시 조선학술원이 잠시 복원된 바 있다. 윤상현, 「1950년대 지식인들의 민족 담론 연구」, 서울대학교 대학원 국사학과 박사학위논문, 2013, 40~88쪽 참조.

될 것이고, 이미 인쇄되어 나온 것도 있다. 나비표본이 다 불타서 없어졌다. 나비를 연구하려 해도 더 이상 연구할 자료가 없다. 다시 나비를 수집하는 것은 젊은 사람들에게 맡기고 나는 외국으로 나가야겠다. 지금까지 내가 연구했던 것은 한반도, 만주, 몽골 등 아시아의 국지적인 것이기 때문에 외국으로 나가야겠다는 것을 절실히 느끼고 있다.'고 말했다. 그로부터 며칠 후 우연히 지나가는데 '나비박사…, 나비박사가 저기서 맞아죽었대요'라는 소리가 들렸다. 그 말을 듣고 그가 살던 집으로 달려 갔다. 누이동생이 '오빠가 비명에 돌아가셨다'고 했다. (KBS TV인물열전 〈나비박사 석주명〉, 1980년 인터뷰에서)

예장동 언덕에 있던 국립과학관 재건회의에 참석하기 위해 급히 걸음을 옮기던 그는 1950년 10월 6일 충무로 근처에서 신원불명의 청년들에 피격되어 42세의 젊은 나이에 생을 마감했다.

나비가 되어 날아가다

석주명은 나비처럼 살다 나비처럼 세상을 떠났다. 하지만 오늘날 우리가 그의 업적을 되새길 수 있는 것은 누이동생 석주선이 한국전쟁 중에도 그의 유고들을 고이 간직했던 덕분이다. 그녀는 갑작스런 오빠의 죽음에 대한 충격도 채 가시지 않은 1951년 1·4후퇴 당시 한국복식사(韓國服飾史) 연구를 위해 수집했던 60여 벌의 옛날 의복들을 포기하고 대신에 오빠의 분신 같은 유고들을 짊어지고 피난을 떠났다. 석주명이 기획했던 책들은 그의 회갑이 되던 해인 1968년부터 유고집으로 출간되기 시작했다.

가장 먼저 나온 유고집은 『제주도 수필』이다. 이 책은 1950년 6월 이미 교정 완료된 상태였지만 한국전쟁으로 석주명이 작고하면서 나오지 못하다가 그의 회갑을 기념하여 1968년 11월 발간되었다. 누이동생 석주선의 발문을 보면 오빠에 대한 숭경심이 우러난다.

누이동생 석주선(1911~1996)

나비와 같이 왔다 나비와 같이 가신 오빠! 오빠가 가신 지도 어언 18년이라는 긴 세월이 흘렀습니다. 원래 의지력이 강한데다가 과감성 있게 무슨 일이나 손에 잡으면 끝을 맺고야 마는 그 끈기와 정력은 동기간에도 감히 따를 수 없었습니다. … 억만 년이나 사실 것 같은 생각에서 자신의 향락을 모르고 그저 학문에만 열중하던 모습, 차 한 잔 마시는 시간조차 애석해하시던 학문에 대한 그 애착심이야 뉘라서 감히 흉낸들 내오리까. 지금 생각하면 43년 평생에 너무나 많은 일을 남기셨고 못 다 사신 일까지도 하시고 가신 듯싶사옵니다. … 6 · 25동란에도 오빠와 같이 피란살이를 하면서 그 고달픈 속에서도 원고를 정리하시곤 하였지요. 원고가 들어 있는 륙색은 조금도 오빠 곁을 떠날 수는 없었습니다.

1 · 4후퇴를 당하고 보니 이미 오빠는 가신 뒤라 삶의 용기를 잃어버린 자신이 어찌할 바를 몰라 오빠 체온도 가시지 않은 륙색을 둘러메고 뒷덜미를 땡기는 심정으로 부산까지 내려갔었지요. … 남아 있는 원고의 내용은 제주도 총서 여섯 권 중 제주도 방언집, 제주도 생명조사서, 제주도 문헌집은 이미 6 · 25 전에 서울신문사에서 출간되고 아직 미간인 제주도 자료집, 제주도 곤충상, 제주도 수필, 한국산 접류의 연구, 한국산 접류의 연구사, 한국산 접류 분포도, 외국산 접류 분포도, 세계박물학연표 등입니다. 철이 바뀌면 원고를 한두 번 거풍(擧風) 쏘이는 정도로 볕 볼 날만을 기다리면서 자신의 무능함을 한탄하고 있었습니다.

오빠! 오는 음(陰) 9월 23일(1968년 11월 13일)이 바로 오빠의 회갑이어요. … 오늘 회갑을 맞이하여 삼가 영전에 손수 쓰신 책을 바치오니 받으시옵소서.

이 책은 제목만 보면 수필집으로 착각하기 쉬우나 내용으로 볼 때, 제주도의 자연과 인문사회에 대한 다양한 자료들이 들어 있어 작은 제주백과사전이라 할 만하다. 제주의 기상과 해양, 광물, 지질, 동물, 인물, 방언, 의식주, 지리 등 거의 전 분야를 다루고 있다. 그는 육지부의 다른 지역에서는 찾기 힘든 제주도의 언어, 풍속, 문화 등에서 '제주다움'과 '제주적인 것'을 찾으려고 했다.

『제주도 곤충상』은 제주도 총서 가운데 유일하게 그의 전문 분야인 곤충 관련 책으로 한국전쟁 직전에 편집 완료되었지만 전쟁으로 출간되지 못하다가 1970년 8월에야 유고집으로 출간되었다. 이 책은 제주도 곤충연구사, 총목록, 총괄표 등으로 되어 있는데 제주도의 곤충들에 대해서 상세하게 밝히고 있다. 그리고 『제주도 자료집』은 잡지에 기고했던 제주도 관련 글들을 모은 제주도에 대한 그의 생각들을 들여다볼 수 있는 귀한 책으로 한국전쟁 직전에 탈고되었지만 1971년 9월에야 유고집으로 발행되었다.

석주선은 제주도 총서를 완간하고, 뒤이어 우리나라 나비연구사를 밝힌 『한국산 접류의 연구』, 우리나라 나비분포를 한반도와 세계지도에 밝힌 『한국산 접류 분포도』를 발간되면서 나비 관련 저서를 완간하였다.

1972년에 출간된 『한국산 접류의 연구』는 석주명이 세상을 떠나기 직전인 1950년 9월 18일에 탈고되었는데, 우리나라 나비연구사, 자신의 나비연구, 우리나라 이형 및 기형 나비 등 세 부분으로 되어 있다. 석주명은 우리나라 나비를 1940년 발간된 『A Synonymic List of Butterflies of Korea』에서는 255종으로, 1947년에 발간된 『조선 나비이름의 유래기』에서는 248종으로 정리한 바 있다. 그 과정에서 그는 우리 고전에서부터 그 자신에 이르기까지 우리나라 나비연구의 역사를 샅샅이 뒤졌다. 『한국산 접류의 연구』는 그 이후에 진전된 성과들을 반영한 것으로 석주명 나비연구의 완결판이라 할 수 있다. 그는 이 책에서 우리 나비 연구를 위해 8과 211종 201,367마리를 직접 정밀 관찰하였음을 밝히면서 우리나라 나비를 238종으로 확정지었다. 그는 『한국산 접류의 연구(제3보)』에서 이 책을 발간하는 심정과 의의를 다음과 같이 밝히고 있다.

> 우리는 진리에 도달할 수 없을는지는 모르나 진리에 차차 가까워가는 것만은 사실로 나의 과거 20년간의 한국산 접류의 연구의 결과가 대단한 것은 아닐지 모르나 또 앞으로 20년간의 한국산 접류의 연구로 한국의 재료만은 어떤 모양으로든지 정리해서 후학을 위하여 연구의 기초를 만들어줄까 한다. 그러나 인명은 예측할 바가 못 되어 저자는 항상 적당한 곳에서 단락을 지어 소저(小著)를 거듭한 지 100여 차례이고 1939년에는 그때까지의 자타의 업적을 기초로 하여 『A Synonymic List of Butterflies of Korea』를 지어 『한국산 접류의 연구』의 전반(前半)으로 볼

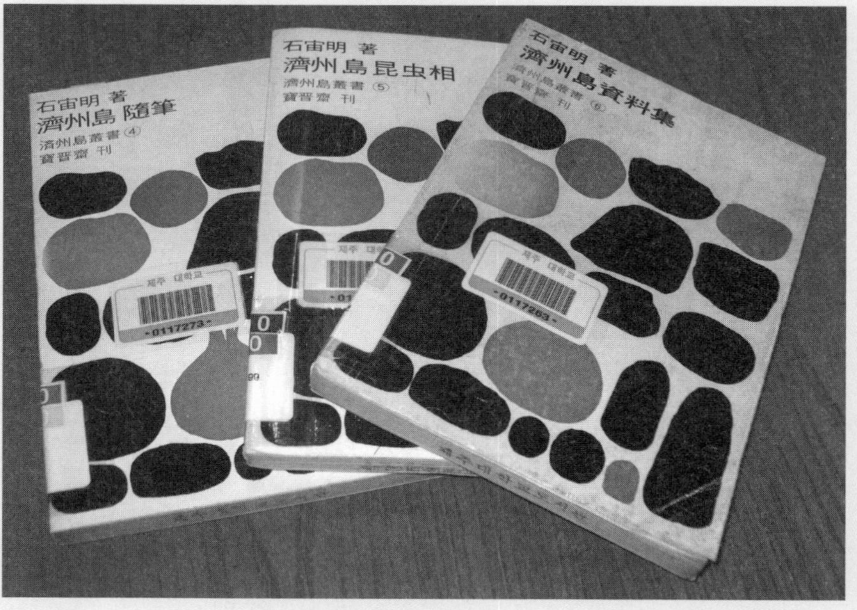

〈제주도 총서〉 유고집

『한국산 접류의 연구』(1972)

『한국산 접류 분포도』(1973)

수 있는 단계에까지는 지내왔다. 우리가 독립된 오늘에 와서 이 연구의 제3보를 우리말로 발표하게 된 것은 실로 유쾌한 일이요 또 의의 깊은 일이다.

석주명은 전국 방방곡곡 산야를 몸소 답사하면서 채집한 나비표본, 외국학자들과 서신을 통하여 교환한 세계 각국의 나비표본, 관계 문헌 등을 토대로 1938년부터 우리나라 나비 분포도를 그리기 시작해서 세상을 떠날 때까지 계속되었다. 하지만 그의 『한국산 접류 분포도』는 그로부터 35년이 지난 1973년에야 세상에 나올 수 있었다.

『한국산 접류 분포도』는 우리나라 나비들의 분포를 각각 252장의 우리나라와 세계지도에 그린 것으로, 동일종을 짝수 면에는 우리나라 지도에, 홀수 면에는 세계지도에 그려 넣어 쉽게 비교하여 볼 수 있도록 하였다. 이 책은 그의 최고 걸작으로 꼽히는데, 특히 첫 페이지에서 그가 나비채집과 연구를 위해 체류했거나 채집여행을 위해 지나갔던 곳을 우리나라 지도에 표시하고 있다. 그는 자신의 나비채집여행을 거미가 집을 짓는 것에 비유한 바 있다.

내가 돌아다닌 곳을 지도에 표시한다면 꽤 복잡할 것이다. 나는 100만 분의 1 지도에 내가 다닌 길을 붉은 선으로 표시하고 있는데, 거의 거미집 모양이 되어가고 있다. 나비 종류 수대로 빨간 선의 거미집이 완성되면 이 나비분포지도를 보고 채집지를 택하여 여행을 떠나게 될 거다.… 나의 채집여행은 체력이 허락되는 날까지 계속될 것이다. 설령 체력이 부

1

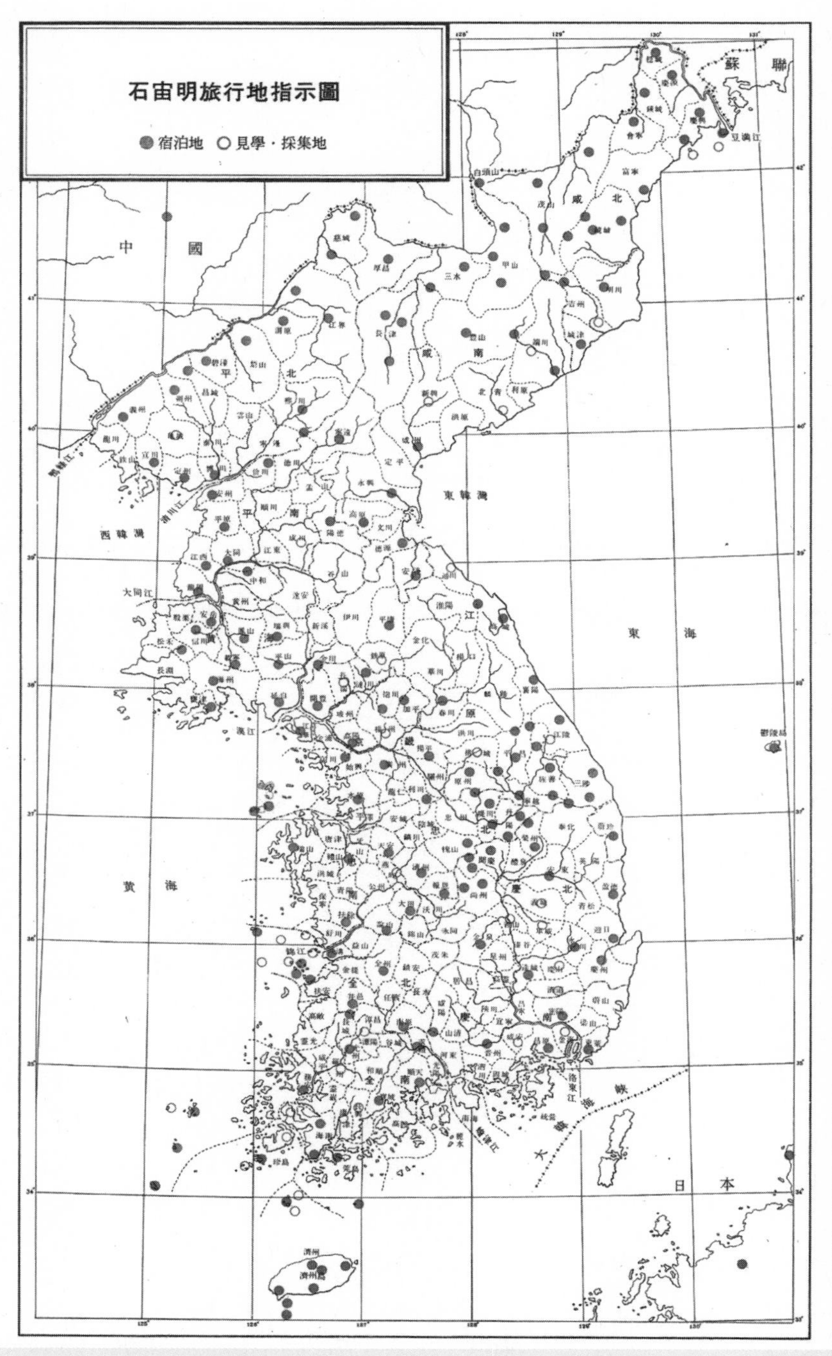

석주명의 나비채집 여행지도(숙박지와 채집지)

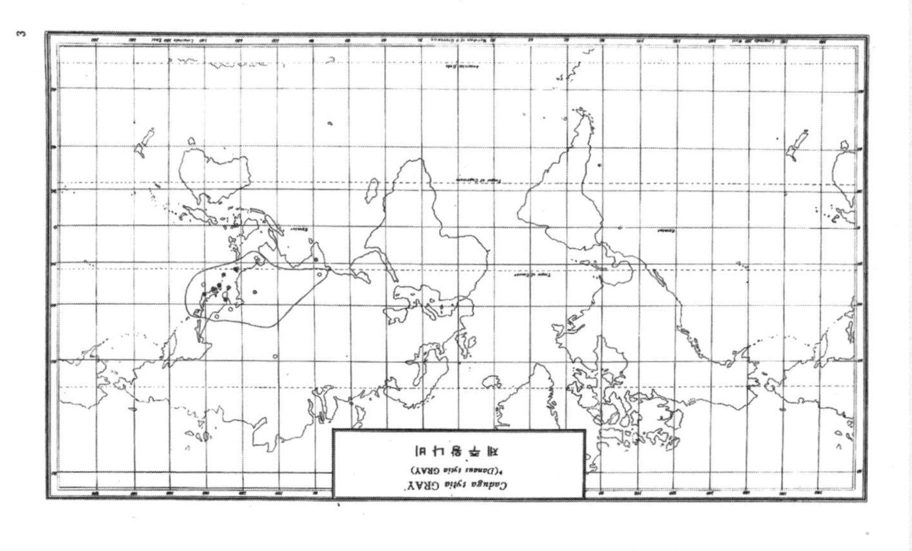

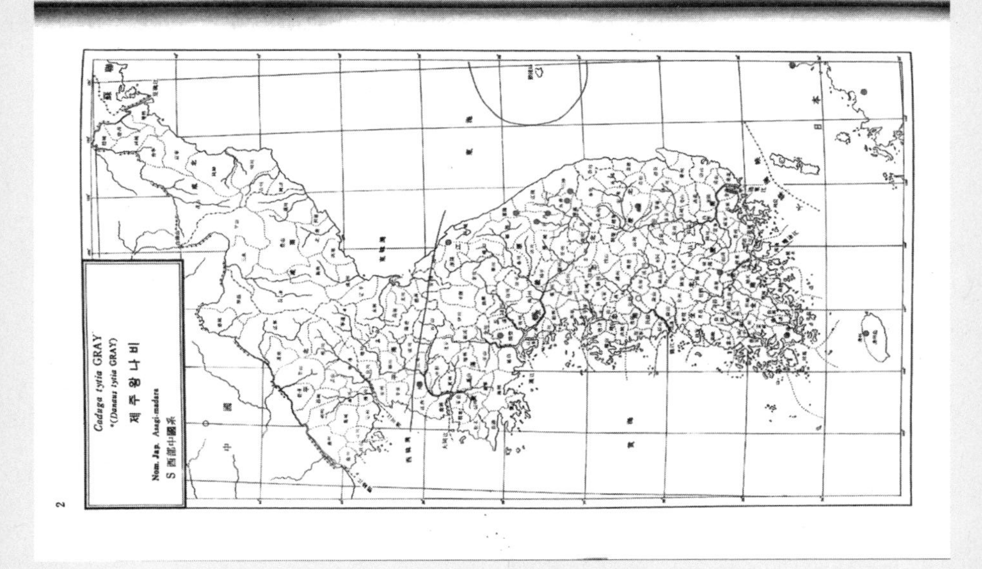

『한국산 접류 분포도』의 일부(2~3쪽, 제주왕나비)

족해진다 해도 조수를 서서라도 내가 죽는 날까지 계속하겠다.

민족적으로 어려운 시기에 태어나 과학적인 학문 연구방법도 채 확립되지 못한 상황에서 한 학자가 한 나라의 나비의 총목록을 정리하고, 나비이름들을 짓고, 분포도를 자국지도와 세계지도에 일일이 그려 넣은 것은 세계의 곤충학계에서도 찾기 힘든 사례이다. 하지만 『한국산 접류 분포도』는 출판을 맡은 이의 실수로 출판사 창고 속에 있다가 1984년 1월에야 비로소 서점에 그 모습을 드러내게 되었다. 세계적인 걸작이 그처럼 뒤늦게 세상에 나오게 된 것은 두고두고 아쉬운 일이다.

석주명은 백두산에서 한라산까지 전국 방방곡곡을 다니면서 나비채집을 하였다. 그는 그동안 자신이 직접 채집한 것, 조수들이 채집한 것, 송도고보생들이 방학과제로 채집한 것 등을 모은 표본이 70만은 족히 될 것이라고 하고 있다. 그리고 송도중학을 퇴직하면서 60만 나비표본을 소각했고, 한국전쟁 당시 9·28수복 직전 국립과학관에서 불탄 나비표본이 15만이라는 것을 감안하면 그가 일생 동안 수집한 나비의 총수는 대략 75만 마리 정도로 추정할 수 있다.

그가 그처럼 많은 나비를 수집한 것은 개체변이를 통해 보다 정확한 우리나라 나비의 종류와 분포를 알기 위함이었다. 당시 일본의 나비분류학자들은 대체로 개체들 간에 약간의 차이만 보여도 새로운 종으로 보는 세분론자(splitter)들이었다. 하지만 석주명은 개체들 사이의 약간의 차이로 성급히 다른 종으로 판단해서는 안 된다는 통합론자

(lumper)의 입장을 취하여 우리나라 나비를 250여 종으로 바로잡았다. 그는 우리 나비를 우리말로 이름짓고, 나비연구사를 정리하고, 분포도를 만듦으로써 문자 그대로 우리나라 나비박사가 되었다.

하지만 그에게도 오류가 있었다. 석주명은 물결나비와 석물결나비, 줄흰나비와 큰줄흰나비, 오색나비와 황오색나비를 동일종으로 파악했으나, 후학들은 그것들을 각각 별개의 종으로 처리하고 있다. 석물결나비에서 '석'은 바로 석주명 선생을 기리는 의미에서 붙인 것이다.

『한국본위 세계박물학연표』는 지구상에서 생물이 등장한 시점부터 그가 죽기 직전까지 세계과학사와 인류문명사 연대기를 우리의 입장에서 정리한 것이다. 이 책은 우리의 역사와 문화에 대해서 능통하고 세계의 과학사와 문명사에 대한 지식이 없고서는 저술할 수 없는 또 하나의 걸작으로 그의 폭넓은 학문세계를 잘 보여준다.

『한국본위 세계박물학연표』(1992)

석주명은 곤충학계에서는 나비박사, 에스페란토학계에서는 에스페란토 초기 운동가, 제주학계에서는 제주학의 선구자 등으로 불린다. 그의 이러한 별칭들은 서로 이질적이어서 전혀 서로 어울릴 것 같지 않다. 하지만 그러한 그의 지적 편력과 학문적 성과들은 학문 융복합의 시대와 세계화와 지역화를 아우르는 시대를 살아가는 우리에게 많은 시사점을 준다.

한국전쟁 중 사망하여 30여 년 동안

석주명의 묘와 비(경기도 광주 오포읍 능골마을)

탑골승방에 안치되었던 그의 유해는 1981년 경기도 광주시 오포읍 능평리 능골마을 묘원에 옮겨져 누이동생 석주선과 나란히 안치되어 있다.

어린 시절 석주명을 만났던 김광협(1941~1993)[20] 시인은 그를 모델로 1965년 6월에 서울대《대학신문》에 '어느 곤충학자의 죽음'이라는 산문시를 발표하였다.

> 그날 아침 보내온 딸의 서신은 옥색 종이에 씌어 있었다. 아래 밀밭을 거쳐온 터이라 행간에 밀밭 내음새가 물씬 배어 있었다. 그 때도 그는 과수원집 주인네 옆방에서 조반상에 올라온 산나물을 씹으면서 어제 잡은 네 마리의 나비에게 이야기를 하고 있었다. 유리 상자 속에 든 네 마리의 나비는 이 반백의 곤충학자를 몹시 즐겁게 해주었다. 그들이 연한 몸둥아리를 움츠리고 날개를 쉬임없이 파닥여 어떤 것은 은가루를 뿌리며 날아오르는 것을 보면 더 없이 황홀하였다. (중략) 저녁노을이 과수원을 껴안고 흔들더니 꽃들은 금 빛깔로 변하면서 아릿한 향기를 날라다 주었다. 파수견 한 쌍이 그 향기에 놀랐음인지 마구 짖어댔다. 그는 오늘 잡은 한 마리 검정 갑충의 분비액을 냄새 맡아보았으나 거기에서도 꽃향기밖에는 없었다. 그는 인간의 식별력이 얼마나 허약한 것인가를 비웃듯 벌떡 일어서서는 아침에 온 딸의 편지를 들고 과수원 주인 방으로 들어갔

20_ 김광협 시인의 부친 김남운(1920~1998)은 제주도시험장에서 석주명과 함께 근무하였고, 김 시인은 네 살 때 석주명이 나비채집 하는 것을 보았다고 기록하고 있다. 김광협, 『황소와 탱크』, 정음사, 1983, 313쪽.

석주명 기념비(서귀포시 토평동)

다. 주인은 일본판 '병충해구제법'에서 원색 해충도를 보고 있었다. (중략) 과수원집 아들이 든 소총이 봄 아침의 안개비를 먹고 있다. 이 골짜기의 아침에 찾아오는 고요 속에는 신비한 악령의 노랫소리와 아랫도리가 시린 사자(死者)의 언어와 빛 바래는 애정과 능욕당하는 안온이 기웃거린다. 곤충학자도, 원색 해충도를 보는 과수원집 주인도 부재하다. 세월 속에서 과수원집 아들은 철모의 무게에 소스라치듯 놀라며 거머쥔 총신에 다시 힘을 주었다. (중략) 산등성이에는 기를 쓰며 전나무의 새 잎이 연두빛 포복을 하고 철쭉꽃이 탄우(彈雨)를 먹고 불타듯 피를 흘리고 있었다. 이 때 그는 불현듯 보오얗게 공중에 뜨는 한 떼의 나비를 보았다. 나비떼는 하나의 점으로 모이고 있었다. 그는 지체하지 않고 그 한 점의 나비떼를 조준구에 들어오게 하였다. 그리고 그는 숨을 죽인 채 방아쇠를 당겼다. (대학신문, 1965. 6. 21)

석주명이 제주도 자료를 수집하고 연구하던 경성제대 생약연구소 제주도시험장(서귀포시 토평동 소재)에는 그를 기념하는 기념관과 소공원이 들어서 있다.

2

넓고 깊은 학문세계*

팔방미인 학자

학문적 토대

학문적 업적

학문 융복합의 선구자

한국의 르네상스인

* 이 글은 『학문 융복합의 선구자 석주명』(2012, 보고사)에 실린 윤용택의 「학문 융복합의 선구자 석주명」을 수정보완한 것이다.

팔방미인 학자

석주명은 나비박사로 널리 알려져 있지만, 자연과학, 인문과학, 사회과학을 넘나드는 폭넓은 학문세계를 구축하였다. 그는 곤충학계에서는 나비박사, 에스페란토학계에서는 에스페란토 초기 운동가, 제주학계에서는 제주학의 선구자 등으로 불린다.

『석주명 평전』을 쓴 이병철(1989)은 그를 "한국에서 가장 많은 산을 오른 산악인, 한국 최초로 제주어 방언사전을 펴낸 국학자, 국제어인 에스페란토 보급에 힘쓴 세계평화주의자, 나비를 쫓아 한반도 곳곳을 누빈 곤충학자, 우리나라에서 시간을 가장 잘 아껴 쓴 사람" 등으로 평하고, 과학사학자인 신동원(2012)은 "우리나라 최초의 생물학사를 쓴 생물사학자, 최근에 가장 주목할 만한 과학적 업적을 낸 생물학자, 과학적 연구를 통해 얻은 통찰을 바탕으로 자신의 사상을 피력하는 데까지 나아간 과학사상가"라 평한다. 석주명은 조선적 생물학을 주창하면서 국학운동을 펼쳤던 민족주의자, 제주지역 연구의 필요성을 깨닫고 제주도 총서를 발간하여 제주학의 초석을 놓은 지역주의자, 세계와 소통하고 세계평화를 위해 국제어인 에스페란토 보급운동을 펼친 세계주의자이기도 하다.

석주명은 1930년대 초에 나비 분야에서 연구를 시작했지만 그 후 곤충학, 동물학, 생물학, 자연과학 전반으로 연구범위가 확대되었고, 특히 1940년대 초에 제주도연구에 뛰어들면서 그의 학문영역은 자연과학을 넘어 인문과학과 사회과학 전반으로까지 확장되었다. 그처럼 폭넓은 학문세계를 구축했던 석주명은 이미 우리에게 잘 알려진 학자들에 비유되기도 한다. 이를테면 송상용(2012)은 한 분야에서 연구를 시작하여 다양한 분야로 연구영역을 확장하다가 비운의 삶을 살았던 그를 18세기 프랑스 화학자 라부아지에(A. L. Lavoisier, 1743~1794)에 비유하고, 문만용(2012)은 일본 생물학자이면서 오키나와 학문의 개척자인 구로이와(黒岩恒, 1858~1930)와 홋카이도 곤충상과 홋카이도 원주민 연구자인 고노(河野広道, 1905~ 1963)에 비유한다.

석주명은 다방면을 깊게 연구한 학자인 르네상스기의 레오나르도 다빈치(Leonardo da Vinci, 1452~1519), 조선의 실학자 정약용(丁若鏞, 1762~1836), 일본의 균류학자 미나가다(南方熊楠, 1867~1941) 등과 비교해볼 수도 있다. 이 가운데 미나가다는 석주명이 활동하던 당시에 이미 대가로 알려진 학자로, 균류, 조류(藻類), 식물 등을 직접 채집하고 연구하여 세계적 과학학술지《네이처(Nature)》에 50여 편의 논문을 발표하였을 뿐만 아니라, 생물학, 생태학, 민속학, 종교학, 문화인류학 등에 이르기까지 지식의 그물을 구축하였으며, 일본의 자연보호운동의 선구자가 되었다.

석주명이 살았던 시기는 학문적 상황으로 볼 때, 지식분화 이전의 모습과 이후의 모습이 겹치는 전통학문의 끝자락과 근대학문의 첫머리에 해당한다. 그의 최종 학력은 오늘날 전문대학에 해당하는 가고시마고등농림학교 졸업이다. 그런데도 그는 나비에 관한 한 자타가 공인하는 당대의 수준급 전문가였다. 그는 좁게는 나비학자 내지는 곤충학자요, 넓게는 생물학자 내지는 자연과학자이다. 그리고 그는 제주도의 곤충뿐만 아니라 언어, 민속, 역사, 지리, 사회, 문화 등을 연구하였다. 그런 점에서 그는 우리나라 최초의 통합학자요, 학문 융복합의 선구자라 할 수 있다.

석주명은 '조선의 생물학', 즉 '우리 생물학'을 주창하면서 국학운동을 펼쳤던 민족주의자이면서, 학문적 성과물은 세계의 학자들로부터 객관적으로 평가받아야 한다는 것을 인정한 국제주의자였다. 그리고 그는 제주지역연구의 필요성을 깨닫고 『제주도 방언』, 『제주도의 생명조사서』, 『제주도 문헌집』 등 제주도 총서를 발간하여 제주학의 초석을 놓은 지역주의자이면서, 세계와 소통하고 세계평화를 위해 세계어인 에스페란토 보급운동을 펼치면서 『에스페란토 교과서』를 편찬한 세계주의자였다.

이처럼 다양한 석주명의 모습을 한 마디로 규정짓는 것은 한계가 있지만, 그의 이질적인 여러 모습들 속에는 서로 연결되는 맥이 있다. 그는 민족문화가 융성하기 위해서는 지역문화의 다양성이 인정되어야 하고, 표준어도 수도권의 언어를 채택하기보다는 전국에서 공통적으로 사용되는 언어를 선택해야 한다는 것을 주장하였다. 더 나아가 그는 식민지 학자로서 인류문화가 융성하기 위해서는 민족문화의 다양성이 인정되어야 하며, 세계평화를 위하여 국제어는 강대국 언어가 아니라 세계인들 모두가 배우기 쉬운 중립어라야 한다는 것을 여러 곳에서 주장하기도 하였다. 그는 일관되게 지역과 세계, 부분과 전체, 특수와 보편 등을 아우르려고 하였던 것이다.

그동안 우리 학계에서는 자신의 전공 이외의 분야를 넘나드는 것을 탐탁지 않게 여겨왔다. 하지만 오늘날 우리는 인문학, 사회과학, 과학기술 등이 융복합되고, 지역, 국가, 세계를 아우르며 살아가야 하는 상황을 맞고 있다. 석주명은 자연, 인문, 사회 분야를 넘나들며 폭넓게 깊이 연구하면서 지역주의, 민족주의, 세계주의 어느 한쪽에 매몰되지 않고 조화를 이루는 학문세계를 구축하였다.

석주명은 '하나를 제대로 알기 위해서는 그와 관련된 여럿을 알아야 하고, 서로 다른 것 속에도 공통 요소들이 있으며, 세계를 온전히 이해하기 위해서는 부분과 전체를 모두 이해해야 한다.'는 사실을 인식하고 오늘날 우리가 시도하는 학문 융복합을 지향하고 있었다. 그의 학문적 연구 성과 자체를 오늘날 기준으로 평가하는 데는 한계가 있지만, 그의 학문 융복합의 태도와 정신은 여전히 주목할 만한 가치가 있다.

학문적 토대

실증적 나비연구

석주명이 나비를 연구했던 궁극적인 목적은 단순히 하나의 곤충을 연구하기 위한 것이 아니라 나비를 통하여 자연법칙을 발견하고, 그를 바탕으로 행복한 삶을 추구하는 것이었다. 그는 가고시마고등농림학교를 졸업하고 중등학교 박물교사로 재직하면 10여 년 간 나비에 미쳐 살았다 해도 과언이 아니다. 문만용(1997)은 그의 나비연구 단계를 다음과 같이 세 시기로 나누고 있다.

> 첫째 시기는 1929년 가고시마고등농림학교를 졸업하고 박물교사로 근무하면서 나비연구를 시작한 때부터 1933년까지로, 이 시기 그의 연구는 단순한 목록의 작성에서 시작하여 개체변이 연구라는 이후의 중심적 연구테마로 이행하는 모습을 보여준다. 둘째 시기는 1934년에 발표한

『한국산 접류의 연구(제1보)』를 시작으로 개체변이를 밝히는 연구가 본격적으로 추진되어 1939년 그간의 연구를 일단락 짓는『A Synonymic List of Butterflies of Korea』를 완성한 때까지이다. 이 시기에 정립된 그의 분류방법론은 그 이후로도 굳건히 유지되었다. 셋째 시기는 그 이후부터 석주명이 세상을 떠날 때까지로, 변이연구의 대상을 넓혀가는 한편 조선산 나비분포로 연구영역을 확대해가는 시기였다. … 다만 이 시기에 그는 분류학 연구 이외에도 인문학적 분야에 관심을 보이면서 자신의 생물학 연구에 국학의 가치를 부여하려 했으며, 해방 직후 이러한 시도를 '조선적 생물학'이라는 표현으로 집약하였다.

석주명은 자신의 나비채집 20년 회고록에서 초기 단계에 채집된 나비의 학명을 확인하고 분류하는 과정에서 1931년 일본에서 간행된 마쓰무라(松村松年)의 『일본곤충대도감』을 참고하였는데, 실제와 상당히 다르다는 것을 알게 되었다고 한다.

이 책으로 조사하다가는 놀라는 때가 있었다. 나의 많은 표본이 제공해준 지식으로는 착각이 아닌 이상엔 송촌(松村) 씨의 책을 정정(訂正)하야 될 곳이 나온다. 시골중학교사를 하는 약배(若輩)가 이학박사요 농학박사인 송촌송년(松村松年) 씨의 저서를 정정한다고는 자기 자신도 믿을 수가 없었다. 그러나 나의 풍부한 표본으로는 송촌(松村) 박사의 저서에서뿐만 아니라 다음다음 입수한 여러 책에서 오류를 속속 발견하게 되었다. (1949k)

그는 생물학의 기본은 분류학이고, 분류학은 개체변이를 토대로 한다는 것을 깨닫고, 수많은 표본의 수치화 가능한 형질들을 측정하여 분류하는 방법을 시도하였다. 즉 수만 마리나 되는 나비 날개 길이를 개체별로 일일이 자로 재서 그 형질의 분포곡선을 얻어 변이와 종의 한계를 분류하는 것이다. 그는 개체변이를 객관적으로 보일 수 있는 정량적 형질을 추출하고 이를 통계적으로 처리하는 방식을 취하였다. 그리고 그는 경험 과학자답게 정량적 방법을 사용하여 가능한 한 많은 개체들을 관찰하여 보편적 원리를 도출하는 귀납주의를 따랐다.

훗날 석주명은 1950년 9월에 탈고한 『한국산 접류의 연구사』에서 일본 곤충학계의 거물인 마쓰무라에 대해 신랄하게 비판하고 있다.

> 그는 우리나라 나비를 연구한 최초의 일본인으로 오랜 기간 동안 계속하여 많은 저서를 발표한 점으로 저명하다. 그러나 그의 논저는 한 편도 문자 그대로 신뢰할 만한 것이 없다. 모두 오류를 포함하고 있을 뿐만 아니라 그 자신도 발견하여 훗날 정정할 만한 것도 정정한 일이 한 번도 없어서 그의 무책임이랄까 엉터리라고 할까 전 일본학계에서도 말썽꾸러기가 되어 있는 사람이다. 그가 새로운 학명을 수십 개씩 발표한 것 중에 하나도 살아남지 못하고 모두 Synonym(동종이명)으로 정리되는 일도 드문 일이 아니어서 상식적으로는 판단하기 어려운 대목이 한두 개가 아니다.

그는 마쓰무라가 발표한 신종 가운데 166개를 동종이명 처리하여 무효화시킴으로써, 과학적 진리는 권위가 아니라 실증에 의해서 확증되어야 한다는 것을 보여주었다.

그의 개체변이 이론을 증명하는 데 가장 많이 동원된 나비는 배추흰나비였는데, 이 나비의 변이연구를 위해 날개 길이를 잰 개체 수는 무려 16여만 마리였고, 우리나라 나비연구를 위해 211종 20여만 마리의 나비를 정밀 관찰하였다. 그는 영국 왕립아시아학회로부터 조선의 나비 총목록을 집필해줄 것을 의뢰받고 1940년 서울에서 출판한 『A Synonymic List of Butterflies of Korea』에서 당시 일본인들에 의해 잘못 알려진 우리나라 나비를 255개 종과 아종으로 정리하였고, 그 후 10년 동안의 연구성과를 반영하여 그가 서거하기 직전인 1950년 9월 탈고한 『한국산 접류의 연구』에서 우리나라 나비를 238종으로 확정하였다.

통합적 나비연구

석주명은 어느 하나를 제대로 알기 위해서는 그와 관련된 모든 것을 알아야 하며, 나비학의 계통을 제대로 세우기 위해서는 나비만 알아서는 안 되고, 나비와 관련된 모든 것을 알아야 한다고 주장한다. 나비를 알기 위해서는 곤충을 알아야 하고, 생물을 알아야 하며, 더 나아가 물리, 화학, 지질 등 자연과학 일반과 자연사를 알아야 하고, 문학, 역사, 철학 등의 인문학과 예술에도 조예가 있어야 한다는 것이다. 실제로 그는 나비 관련된 우리 고전과 미술에까지 관심을 갖는다.

그는 우리 나비와 관련된 약 20편의 고전을 검색하여, 우리나라에서 나비가 기록된 최초의 문헌은 '범나비'가 등장하는 정철(鄭澈, 1536~1593)의 『사미인곡(1587~88)』이고, 『조선왕조실록』 광해군일기(1617)에 '줄흰나비'가 등장하며, 신작(申綽, 1760~1828)이 『조수충어초목명(鳥獸虫魚草木名)』에서 나비[蝶]와 나방[蛾]을 처음으로 구분하였다는 것을 밝혔다. 하지만 그는 우리 고전 가운데 과학적 가치가 있는 것은 일호(一濠) 남계우(南啓宇, 1811~1890)의 나비그림이 유일하다고 주장한다.

그는 「세계적 곤충화가 南나비傳(1941)」에서 남계우의 삶과 그림에 대해서 다음과 같이 상세하게 분석하고 있다.

> 일호 남계우는 나비를 잡아 책갈피에 차례로 넣어두고 연중 언제든지 기분이 날 때마다 그림을 그린 모양인데, 처음에는 중국의 『짐왕(朕王)의 협접도(蛺蝶圖)』를 본 삼아서 연습했다 한다. 그릴 때는 먼저 실물을 창에 대고 그 위에 화지(畫紙)를 놓고 연필이 없던 때라 유지탄(柳枝炭)으로 그 윤곽을 그려 그 위에 채색을 하였는데, 색채의 원료는 물론 당재(唐材)였고, 노란색은 금, 흰색은 진주가루[珍珠粉]을 사용하는 등 호화스런 것이었다. … 일호의 그림에는 나비뿐만 아니라 나방과 다른 곤충도 약간 혼용되어 있고 화초(花草)까지 배치되어 있지만 그가 힘들여 그린 것은 분명히 나비이다. 그 그림나비를 보면 원색 실물대로 정확상세하게 그려져 있어서 우리는 그 그림나비의 종류를 감별할 수 있을 뿐만 아니라 암수, 발생계절까지라도 다 판정할 수 있다. 나비뿐만 아니라 다른 곤충이나 화초까지도 그 정도로 정확 상세하게 그려 있어서 식물학자들

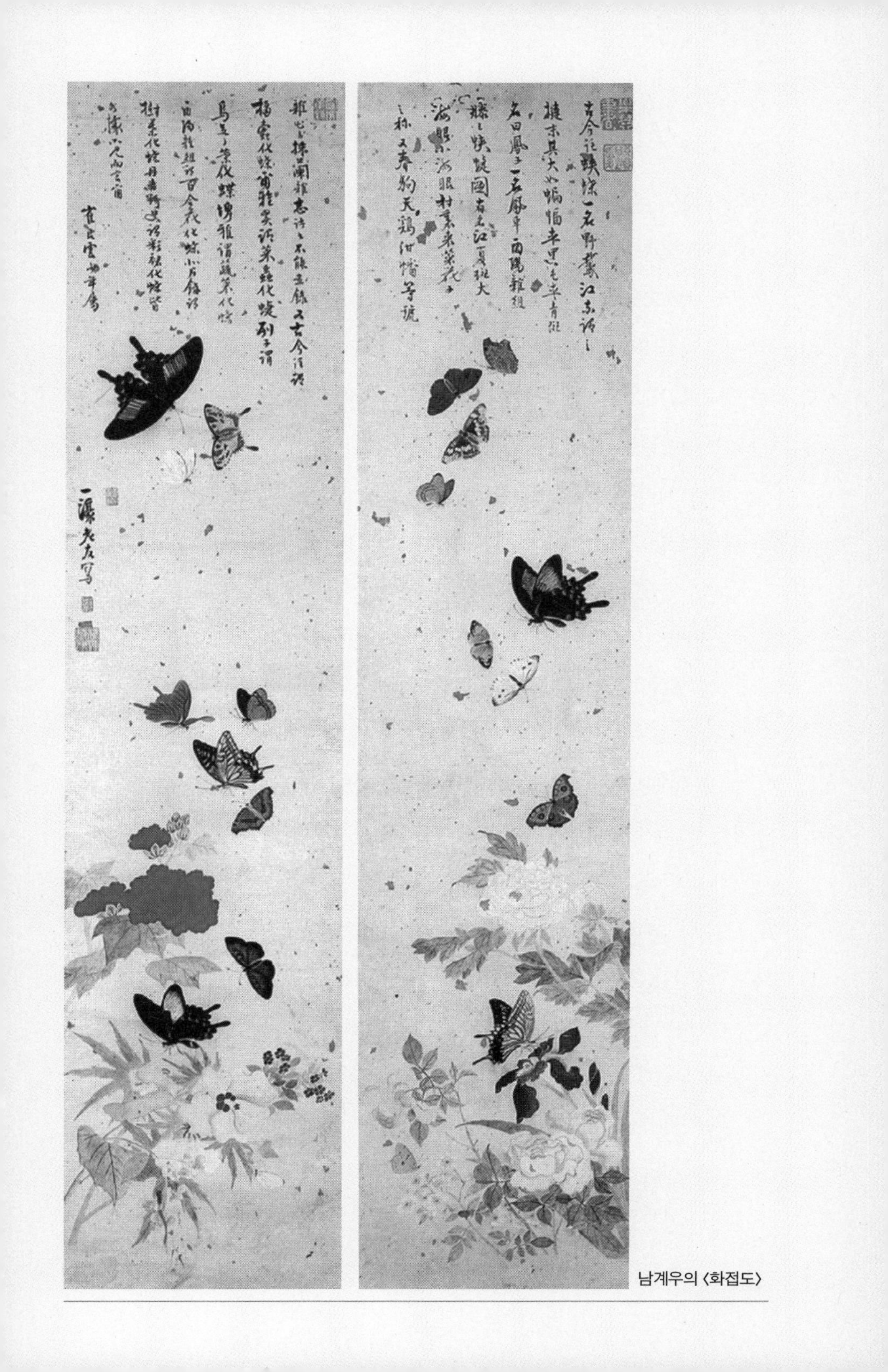

남계우의 〈화접도〉

> 도 연구자료가 된다고 감탄한다. 이 일호의 나비그림은 생태도(生態圖)이지만 근래 흔히 볼 수 있는 호접보(胡蝶譜)에 비해서 우월한 점이 많다. 그런고로 우리는 그의 나비그림을 통해서 당시의 서울[京城] 부근의 자연상태를 고찰할 수 있다. 그의 전성기를 30대로 본다면 그의 걸작은 대략 100년 전의 작품으로 볼 수 있겠고, 이 그림을 통하여 서울지역의 자연상태의 변천을 고찰할 때 참말 금석지감(今昔之感)을 느낀다. 일호가 그린 나비는 필자가 조사한 범위에서는 37종이고, 이들은 그 자신이 서울에서 채집한 것으로 해석할 수밖에 없는데, 여기에 우리들에게 풀기 어려운 자료가 포함되어 있다. 이 37종 가운데 물론 보통종이 많지만 반종(班種), 희종(稀種)도 여러 종 섞여 있고 현재는 서울과 경기도에 산출한다고 믿기 어려운 '남방공작나비'도 있다. … 여하튼 옛날 사람이 이런 학술상 가치를 지닌, 즉 생물학상 문헌으로 취급할 수 있는 그림을 그렸다는 데 대하여 필자는 많은 경의를 표한다. … 필자가 南나비의 그림을 발견하게 된 것은 필자의 연구테마가 조선 나비에 관한 것이고, 수년 전 필자가 『A Synonymic List of Butterflies of Korea』를 편찬하는 관계로 우리 고전까지 섭렵하게 된 까닭이다. 그때 얻은 문헌 중의 하나가 이 南나비의 그림이었고 이것이 관계문헌 중의 하나란 것보다 우리 고전 중에서 가장 가치가 많은 것이라고 볼 수 있다.

그는 일호 남계우의 화접도는 단순하게 잘 그린 그림이 아니라 당시와 현재를 비교하면 그동안 자연과 생태의 변화까지 알 수 있는 생태도이기 때문에 과학적 가치가 높다는 점을 밝혔다.

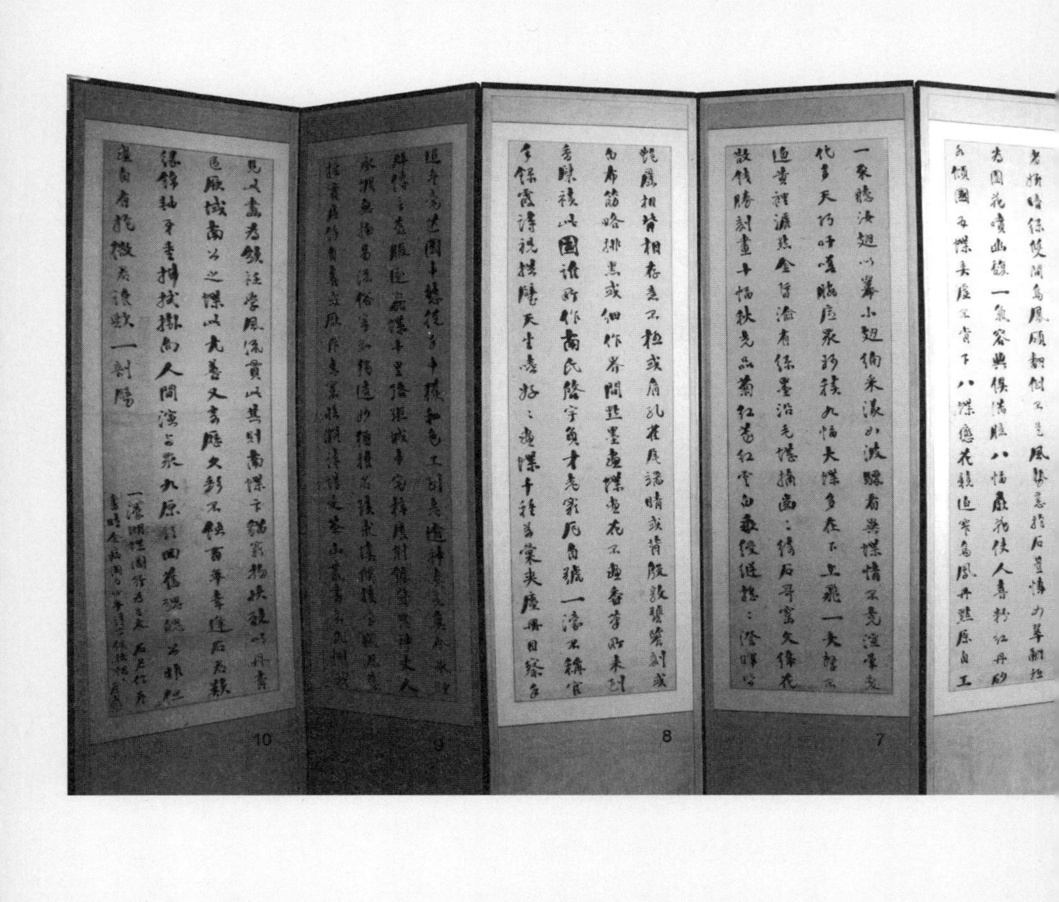
10
9
8
7

정인보의 한시 〈일호호접도행〉 병풍

국학자였던 정인보(鄭寅普, 1893~1950)는 나비박사 석주명과 일명 남(南)나비라 불릴 만큼 나비 그림의 대가였던 일호 남계우가 서로 맥락이 닿는다고 보고, 석주명을 위해 〈일호호접도행(一濠蝴蝶圖行)〉이라는 장편 한시를 짓고 붓글씨를 직접 써주기도 하였다.[21]

> 어쩌면 저리도 열 폭의 호접도는(夫何十幅蝴蝶圖) 신묘하기가 그림이 아닌 듯한가(神妙直欲無丹碧) 일폭은 나비 몇 마리 무리지어 높이 날고(一幅數蝶團戲高) 그 아래에선 등지고서 날개를 펼쳤네(其下又見背飛翼) … 박학의 물줄기가 터지자 예술도 실(實)을 추구하여(樸學開源藝徑實) 남나비(남계우)와 변고양이(변상벽)는 사물의 형상을 치밀하게 묘사하여(南蝶卞猫窮物狀) 감히 회화로서 그 구역을 구분하였네(敢以丹青求厥域) … (남계우의 나비그림이) 백 년 만에 요행히 석군(石君)을 만나 탄복시켰네(百年幸逢石君歎) 석군이 아니었다면, 한 번에 분석할 자 누구였겠나(微君誰歟一剖劈)

석주명과 정인보와 깊은 학문적 교류는 자연과학도였던 그가 인문분야의 다른 전문가들과도 학문적으로 깊숙이 교류하고 소통하고 있었다는 것을 잘 보여주는 사례이다.

21_ 석주명의 딸 석윤희(74 · 미국 북일리노이대 교수) 씨는 "위당이 시를 짓고 직접 글씨까지 써서 아버지에게 선물한 10폭 병풍(한 폭 가로 46cm, 세로 2m)을 아버지 유품으로 보관해 왔다"며 2009년 5월 27일 처음 병풍 사진을 공개했다
http://news.chosun.com/site/data/html_dir/2009/04/27/2009042702244.html

석주명은 1947년 '가락지장사', '각씨멧노랑나비', '모시나비', '배추흰나비', '상제나비', '유리창나비', '청띠제비나비', '큰수리팔랑나비', '홍점알락나비', '흰줄표범나비' 등 우리나라 248종 나비이름을 '조선생물학회'에서 통과시키고 『조선 나비이름의 유래기』를 발간하였다. 그는 아름다운 우리 나비이름을 짓기 위해 우리 고전들과 당시 방종현, 이숭녕, 최현배, 오쿠라(小倉進平) 등 우리말 연구자들의 논저를 참고했다. 그의 놀라운 우리말 실력은 제주방언을 연구하면서 쌓인 내공과 따로 떼어 생각할 수 없다.

그의 폭넓은 학문적 편력에 대해 방언, 역사 등 인문학 연구도 궁극적으로는 나비연구의 완성도를 높이기 위한 일환이었으며, 그의 다양한 학문영역의 추구는 나비연구 방법론의 연장인 광범위한 자료 수집에서 기인한 것으로 볼 수 있다.(문만용, 2012) 우물을 깊게 파려면 넓게 파야 하듯이 그가 자연과학과 인문과학을 넘나드는 통합학자로 거듭날 수 있었던 것도 결국은 나비연구에 대한 심층적 연구에서 비롯된 것이다.

주체적 나비연구

석주명은 특정 지역의 나비는 그 지역에서 풍부한 재료를 가지고 연구하는 것이 바람직하다는 생물학적 지역주의를 주창한다. 한 생물을 제대로 규명하려면 세계 어디든 통용되는 보편적 생물학과 더불어 지역에 바탕을 둔 지역적 생물학도 필요하다는 것이다.

> 지방마다 그 환경이 상이함에 따라 그곳의 곤충상도 상이하며 … 곤충들은 단독으로 생존할 수 없는 것으로 특정 곤충의 생존은 특정식물의 생존을 요구하는 것이고, 그 식물이나 곤충은 일정한 기후를 요구하는 것이어서 그 지방에는 그 지방에 적응한 생물상 내지는 향토색을 형성하는 것이다. (1948d)

여기서 지역적 생물학을 아시아의 특정 국가 차원에서 생각한다면 한국생물학이 되고, 우리나라의 특정 지역으로 좁힌다면 제주도생물학이 되고, 지구의 특정 대륙 차원으로 확대한다면 아시아생물학이 될 것이다. 그렇기 때문에 그는 어디서나 통용되는 보편적 생물학뿐만 아니라 특정 지역에 적용되는 지역 생물학도 필요하다고 보았다. 그는 우리나라 사람에 의한 우리의 생물학을 주창하면서 자연과학에서 국학운동을 시도하였다.

> 국학(國學)이란 국가를 주체로 하는 학문이니 국가를 지닌 민족은 반드시 국학을 요구하는 것이다. 종래로 국학이라 하면 한문책이나 보고 읽는 것으로 생각하는 사람이 많지마는 국학이란 인문과학에 국한될 것이 아니고 자연과학에도 연관되는 것으로 더욱 이 생물학 방면에서는 깊은 연관성을 발견할 수 있다. 조선에 많은 까치나 맹꽁이는 미국에도 소련에도 없고 조선사람이 상식(常食)하는 쌀은 미국이나 소련에서는 그리 많이 먹지 않는다. 그러니 자연과학에서는 조선적 생물학(朝鮮的 生物學) 내지 조선생물학(朝鮮生物學)이란 학문도 성립할 수 있다. (1948d)

여기서 '국학'이란 특정 학문이라기보다 향토색 혹은 풍토라는 물적 조건에 종속될 수밖에 없는 모든 존재를 객관적으로 연구하고자 하는 지적 행위이다. 국학은 우리나라의 특수한 상황을 고려한 연구인 동시에 보편적 법칙을 인정하는 연구인 셈이다.

그는 나비연구를 지역적 공간에 국한하지 않고 역사적 자료를 통해 나비연구의 폭을 넓히려고 하였다. 그는 우리나라에서 우리의 곤충학이 성립하지 못하고, 우리나라 나비연구가 대부분 외국인 학자에 의한 연구였기 때문에 남계우의 나비그림이 빼어남에도 불구하고 널리 알려지지 못했다고 보았다. 그는 '우리의 곤충학'을 구축하기 위해 우리나라의 특수한 자연, 역사, 문화 속에서 우리 나비를 보려고 하였다. 그런 점에서 그의 나비연구는 국학이었고, 그의 국학연구는 나비연구의 연장이었다.

하지만 그의 국학으로서 나비연구는 민족적 우수성을 배타적으로 강조하는 국수적 민족주의가 아니라, 한국의 생물상을 왜곡되거나 과장하지 않고 있는 그대로의 모습을 밝히면서 자연과 인생의 조화를 찾으려는 문화적 민족주의 틀 안에 놓여 있다.(문만용, 2012) 그는 '우리 생물학'이라 해서 특수성과 주체성만을 견지한 게 아니고, 학문적 보편성과 객관성을 잃지 않기 위해 특수성과 보편성, 주체성과 객관성을 잘 융섭해내고 있다.

학문적 업적

석주명은 생전에 학술논저 128편, 유고집 여덟 권, 소논문과 기고문을 포함하는 잡문 180편 등 다양한 분야에서 학문적 업적을 남겼다. 이 가운데 잡문과 속편을 제외하고 그 자신이 학술적 업적으로 인정한 101편의 논저와 여덟 권의 유고집을 학문 영역별로 분류해보면 다음과 같다.

〈표 1〉 석주명의 학문적 업적 분류표

		나비	곤충 일반	생물 일반	자연사	인문 사회	교과서 사전	보고서	문집	합계
생전발표	학술 논문	78	1	3		8		2		92
	단행본	2				3	4			9
유고집		2	1		1	2			2	8
총 발표		82	2	3	1	13	4	2	2	109

그의 주요 논저 가운데 나비 관련 논저가 총 발표 수의 80%를 차지하고 있는 것에 비춰본다면, 석주명은 나비전문가임이 분명하다. 그러나 교과서, 사전, 보고서, 문집 등을 제외한 다음 12권의 학술저서만 놓고 본다면, 나비 다섯 권, 곤충 한 권, 박물학(자연사) 한 권, 인문사회 다섯 권 등으로 그의 학문적 관심사가 상당히 넓다는 것을 알 수 있다.

1940, *A Synonymic List of Butterflies of Korea*, Korea Branch of the Royal Asiatic Society, Seoul, Korea.
1947, 『조선 나비이름의 유래기』, 백양당.
1947, 『제주도 방언집』 제주도 총서 제1집, 서울신문사.
1949, 『제주도의 생명조사서—제주도 인구론』 제주도 총서 제2집, 서울신문사.
1949, 『제주도 문헌집』 제주도 총서 제3집, 서울신문사.
1968, 『제주도 수필—제주의 자연과 인문』 제주도 총서 제4집, 보진재.
1970, 『제주도 곤충상』 제주도 총서 제5집, 보진재.
1971, 『제주도 자료집』 제주도 총서 제6집, 보진재.
1972, 『한국산 접류의 연구』, 보진재.
1973, 『한국산 접류 분포도』, 보진재.
1992, 『한국본위 세계박물학연표』, 신양사.
1992, 『석주명 나비채집 20년의 회고록』, 신양사.

그는 스스로 반(半)제주인임을 밝힌 바 있으며, 제주도에 관심이 많았다. 그의 12권의 학술저서 가운데 제주도 총서가 여섯 권을 차지하고, 제주도 총서를 포함하여 제주도와 직간접적으로 관련된 논저 38편을 남겼다(그의 글 가운데 일부는 발표된 이후에 『제주도 자료집』이나 『석주명 나비채집 20년의 회고록』에 재수록되기도 하였다). 그의 제주도 관련 논저 38편을 학문 영역별로 세분해보면 다음과 같다.

〈표 2〉 석주명의 제주 관련 논저 분류표

			생물	언어	문화	역사	사회	문집	합계
학술논저	생전 발표	학술 논문	6	2	1	1	2		12
		단행본	2	1	1		1		5
	유고집		3		2			1	6
	합계		11	3	4	1	3	1	23
소논문 및 기고문			3		6	1	5		15
총 발표			14	3	10	2	8	1	38

그의 학술저서 12권 가운데 제주도 총서가 여섯 권이고, 제주도 총서 가운데 『제주도 곤충상』을 제외한 나머지 다섯 권이 인문사회 분야이다. 이는 석주명이 제주도 연구를 통해 나비전문가를 넘어 자연, 인문, 사회 분야를 아우르는 통합학자의 반열에 올랐다는 걸 보여주는 자료이다.

학문 융복합의 선구자

학자들의 성향을 분류한다면, 하나만 깊게 연구하는 'ㅣ'자형, 깊지는 않지만 폭넓게 연구하는 'ㅡ'자형, 깊으면서도 폭넓게 연구하는 'ㅜ'자형, 두 가지 이상의 분야를 융합하여 연구하는 'ㅐ'자형, 폭넓은 시야를 가지고 두 가지 이상의 분야를 깊게 연구하는 'ㅠ'자형 등 학자가 있을 수 있다. 석주명은 나비에서 시작하여 자연, 인문, 사회 분야를 넘나들었다는 점에서 'ㅐ'자형 학자 내지는 'ㅠ'자형 학자라 할 수 있다.

한국사회에 근대문화가 본격적으로 등장하기 시작한 것은 1920년대이다. 따라서 석주명이 학문적 활동을 시작한 1930년대는 우리나라에서 학문분화가 막 시작되던 시기, 즉 전통학문에서 근대학문으로 전이되던 시기에 해당한다. 그런 점에서 그는 근대학문의 미덕인 전문성(專門性)과 전통학문의 미덕인 박학성(博學性)을 겸비함으로써 학문분화와 융복합의 장점을 모두 알고 있었던 듯하다.

> 학문이 아무리 분리되었다고 하더라도, 일 과목의 권위자는 타 과목에도 통하는 데가 있다. 내가 전공하는 조선 나비를 예로 들어서 말하겠다. 나비의 학문인 인시류학(Lepidopterology)의 권위자가 되려면, 직접 관계되는 곤충학(Entomology)에도 통하여야겠고, 동물학(Zoology) 전체에도 다소는 통하여야 될 뿐만 아니라, 더 크게 생물학(Biology)에도 얼마큼은 통하여야만 된다. …뿐만 아니다. 나비의 학문이라도 깊이 들어가려면 지질학, 물학을 포함하는 박물학(Natural History)도 바라보아야 하며, 더 나아가서는 박물학에 상대되는 물리, 화학도 최소한도로 알아야 자기의 나비의 학문을 자연과학(Natural Sciences)의 계통에 갖다 맞출 수가 있다. 동시에 Natural History(자연역사 즉 박물학)에 상대되는 Human History(인문역사 즉 협의의 역사)에도 손이 뻗어야 인생과의 관계까지 가져가서, 철학적 경지에 들어가 비로소 나비의 학문도 계통이 서게 되는 것이다(1949d).

어느 하나를 제대로 알기 위해서는 그와 관련된 모든 것을 알아야 하고, 어느 하나를 깊이 알게 되면 그와 관련된 다른 것들도 어느 정도 헤아릴 수 있다는 것이다. 나비를 제대로 알기 세우기 위해서는 나비와 관련된 지식나무, 더 나아가 나비와 관련된 지식그물, 즉 나비를 중심에 둔 학문 만다라를 그려낼 정도로 충분한 지식을 갖추고 있어야 하고, 어떤 것을 융복합적으로 연구하지 않고는 그것의 계통을 세울 수 없다는 석주명의 생각은 학문분화의 한계점을 드러내는 오늘날에 더욱 빛을 발한다.

한편, 석주명은 나비연구를 위해 전국을 누비면서 각 지역마다 독특한 방언이나 문화에 흥미를 느끼게 되었다. 특히 그는 제주도의 언어, 풍속, 습관 등이 예부터 육지와는 상이하지만, 자세히 살펴보면 한국의 옛 모습 내지 진정한 모습을 말해주는 자료가 많고, 진정한 한국의 모습을 찾으려면 제주도에서 그 자료를 찾아야 한다는 것을 깨달았다. 하여 그는 제주적인 것들이 급속도로 사라져 가는 것을 안타까워하면서 하루바삐 한국의 식자들이 제주도의 자료를 수집하여 체계를 세울 것을 주문하였다(석주명, 1948a).

특정 지역을 온전히 이해하기 위해서는 그 지역의 자연, 인문, 사회 현상 등 전체를 연구해야 한다. 따라서 지역학은 학문적으로 융복합적이지 않을 수 없다. 나비연구에서 시작된 석주명의 학문적 관심사는 곤충학, 동물학, 생물학, 자연과학 전반으로 확대되고, 제주도 연구에 뛰어들게 되면서 자연과학을 넘어 언어, 역사, 민속, 지리, 문화 등의 인문사회 분야 전반으로 확장되었다. 그는 제주도 연구를 통해 통합학자로 거듭나게 된 것이다. 그리고 그는 나비연구를 통해 터득한 관점과 방법론들을 인문사회 분야를 연구하는 데도 활용함으로써 다양한 학문들의 물리적 통합에 그치지 않고 학문 융복합의 가능성을 보여주고 있다.

그는 우리나라 나비에 대한 동정(同定)과 단순한 목록작성에서 출발해서, 개체변이 연구로 넘어갔으며, 분포 연구로 확대했다. 그는 나비분류학을 생물지리학으로 발전시켰을 뿐 아니라 차후에 이를 인문학에 접목하여 언어지리학을 시도하려고 하였다. 그리고 그는 곤충조사와 방언조사 사이에 긴밀한 연관이 있음을 확신하고 있다.

> 나는 해방 전에 경성대학 제주도시험장에 2년여나 체재해 있었는데 제주도의 특이한 방언들을 들을 때 곧 방언과 곤충을 연결시킬 수 있었다. 나는 자기가 전문으로 하는 득의(得意)의 연구인 접류를 종별로 분포 상태를 지도상에 표시하는 방법을 이용하여 약간의 단어를 선택하여 그 분포를 지도상에 표시하는 것을 기도하였었다. 그러나 일면 문헌을 약간 조사하는 중 이 방법은 벌써 길리롱(Gillieron)이 불란서어 지도를 작성한 이래 언어지리학이 수립되어 방언학에서 많이 취급되어 있는 것을 알 뿐만 아니라 일본서도 벌써 이 방법에 의한 업적이 많은 것을 알고는 불원간 조선에서도 널리 사용될 것을 기대하고 방언학은 나의 전문도 아니니 그만 중지하고 말았다(1948d).

아직도 우리나라에 전국 언어지도가 없는 것을 고려한다면, 나비 연구에서 터득한 생물지리학적 방법을 방언연구에서 언어지리학적 방법으로 변용하려 한 석주명의 시도는 매우 의미 있다. 그는 제주방언의 어휘를 수집하는 데 그치지 않고, 그것들을 분석하여 육지의 다른 지방의 방언과의 공통점을 찾으려고 시도하였고, 우리 고어뿐만 아니라 몽골어, 중국어, 일본어, 필리핀어, 베트남어, 말레이어 등의 외국어로부터 제주방언의 연원을 찾아보려고 하였다. 나비분류학에 쓰이는 정량적 방법을 방언연구에 응용하였던 것이다. 이를테면 곤충학에서 지방 곤충상 상호 간의 형상이나 성질 등에 유사한 관계를 숫자적으로 연구하는 것처럼 제주방언 7,000여 어휘에서 전라도, 경상도, 함경도, 평안도 등의 방언들과 공통점을 뽑아봄으로써, 자연스럽게 제주방언의 차별성과 독자성을 드러내었다. 그는 그러한 자신의 연구방법에 대해 다음과 같이 평가하고 있다.

> 이 연구방법은 별로 독창적인 것이 아니고 곤충학에서는 흔히 쓰이는 것이나 방언연구에 응용한 데 의의가 있고, 필자가 감히 전문외의 학문에 손대게 해준 것이었다. 뿐만 아니라 나의 제주도 곤충조사와 제주도 방언 내지 제주도 조사 간에, 좀 더 크게 말하면 나의 곤충학과 제주도학 간에는 긴밀한 연관성이 있는 것이다(1948d).

그는 나비연구에서 사용했던 통계적 방법을 제주도의 인구조사에서 거의 그대로 활용하였다. 이처럼 석주명은 자연과학에서 사용하는 정량적 방법을 인문사회학 분야에서 그대로 적용하여 제주방언과 제주사회의 특징을 밝히고 있다. 그러한 시도는 오늘날 관점에서 보면 그리 새로운 것이 아니지만, 당시 우리의 인문학적 전통에 비춰본다면 대단히 참신한 것이었다. 이처럼 인문학 분야에 실증적이고 정량적 연구방법을 도입한 것은 그가 숙련된 자연과학도였기에 가능했던 것이다.

석주명은 「세계적 곤충생태 화가 '南나비傳'」(1941)과 『조선 나비 이름의 유래기』(1947)에서 그의 인문학적 지식뿐만 아니라 미학적 재능이 탁월함을 잘 보여준다. 그는 『A Synonymic List of Butterflies of Korea(1940)』을 편찬하기 위해 우리 고전들을 섭렵하는 과정에서 남계우(南啓宇, 1811~88)의 나비그림의 과학적 가치를 발견하였다. 그리고 그는 제주방언을 연구하는 과정에서 『용비어천가(1445)』, 『두시언해(1481)』, 『훈몽자회(1527)』, 『송강가사(1747)』 등을 섭렵하였고, 그렇게 얻어진 우리말 실력은 나비이름을 짓는 데서 유감없이 발휘됐다. 그가 지은 아름다운 우리 나비이름들은 그의 나비분류학과 국어학의 지식들이 한데 어우러진 학문 융복합의 산물이다.

『제주도 문헌집』은 그의 학문적 깊이와 넓이를 잘 드러내준다. 이 책은 제목이 보여주듯이 제주도와 직접 관련되거나 언급된 총론적 문헌들, 기상, 해양, 지질광물, 식물, 동물, 곤충 등 자연 분야와 언어, 역사, 민속, 지리, 농업, 기타산업, 정치 · 행정, 사회, 위생, 교육 · 종교 등 인문사회 분야 등에서 약 1,000여 종의 문헌을 정리해놓았다. 이는 그가 제주도와 관련된 자연, 인문, 사회 등 거의 모든 분야에 관심을 가지고 연구했다는 것을 보여준다.

『한국본위 세계박물학연표』는 세계의 과학사와 문화사에 맞춰서 우리나라를 중심으로 만든 자연사 연대기로, 석주명은 이 책을 집필하는 데 250여 권의 동서양 고전과 과학사, 의학사, 문화사 등의 논저들을 참고하였다. 그리고 그는 권두언에서 이 책의 서문(序)을 쓴 당대의 국학자 정인보(1893~1950)를 비롯하여 문헌수집에 도움을 준 최남선[국학], 방종현[국어학], 홍이섭[역사], 이재욱[민요], 김두종[의학], 심학진[식물] 등 다양한 분야의 학자들에게 감사를 표하고 있다.

"우물을 깊게 파려면 우선 넓게 파라."는 속담이 있듯이, 학문도 깊이 파려면 우선 넓게 파야 한다. 하지만 인류가 축적해놓은 지식이 한 개인이 감당할 수 있는 수준을 넘어서 있다면, 여럿이 함께 넓게 파야 깊게 팔 수 있다. 따라서 학문 융복합을 위해서는 우선 타 분야 전문가들과 만나 학문적 소통이 필요하고, 그들과 학문적 소통을 위해서는 다른 학문들을 어느 정도 이해해야 한다. 예나 지금이나 학문에서 깊이[專門性]과 넓이[博學性]를 겸비해야 하는 이유도 여기에 있다.

한국의 르네상스인

일제강점기 식민지 조선의 세계적인 나비학자 석주명은 개성지방의 나비연구에서 시작한 학문여정을 제주학 연구로 회향하였다. 우리의 학문적 상황으로 볼 때, 그는 지식분화 이전의 모습과 이후의 모습이 겹치는 시기를 살았다. 그런 시기에는 몇 가지 유형의 학자가 있을 수 있다. 첫 번째는 근대를 모르는 전통적 학자이고, 두 번째는 전통을 혐오하는 근대적 학자이며, 세 번째는 전통적 요소와 근대적 요소 모두를 아우르는 학자이다. 석주명은 바로 세 번째에 해당한다. 그는 동양고전을 소화할 정도의 한문 독해능력이 있었고, 당대 최신의 전공논저들을 읽어낼 정도의 외국어 능력이 있었다. 그는 그러한 언어능력과 식을 줄 모르는 지적 열정을 바탕으로 폭넓은 학문세계를 구축할 수 있었다.

그는 남북분단 이전 시기 나비채집을 하였기 때문에 우리나라 전역을 샅샅이 둘러볼 수 있었고, 전국 산하를 돌아보는 과정에서 지역이 달라지면, 자연과 문화도 달라진다는 사실을 알았다. 게다가 그는 식민지 지식인으로서 우리 것의 소중함을 알고, 자신의 전문 분야에서 '우리의 생물학'을 주창하면서 당대의 여러 분야 학자들과 국학운동을 펼치기도 하였다. 그리고 그는 제주도의 언어, 풍속, 습관 속에 우리나라의 옛 모습 내지 진정한 모습을 말해주는 자료가 제주도에 많다는 것을 알고, 제주도의 자연, 인문, 사회 분야에 뛰어들어 제주학의 초석을 다졌고 통합학자가 되었다.

그는 뛰어난 천재성과 초인적 성실성 덕분에 여러 분야에서 빼어난 업적을 남길 수 있었다. 그는 나비채집을 위해 우리나라 전역을 직접 답사하고, 수십만 마리의 나비를 관찰하였으며, 나비학, 국학, 제주학을 위해 동서양의 고전과 근대의 논저 1,500여 편을 직접 읽었다. 『한국산 접류의 연구』에서 300여 편의 논저, 『한국본위 세계박물학연표』에서 250여 편의 논저, 『제주도 문헌집』에서 1,000여 편의 논저 등의 참고문헌은 그가 얼마나 치열하게 연구했는지를 잘 보여준다.

학문적으로 볼 때 그는 우리나라 르네상스인인 동시에 우리 학계 최초의 융복합학자인 셈이다. 그러기에 그는 여러 한계를 안고 있다. 우선 '학문 융복합'의 관점에서 볼 때, 지식분화가 이뤄진 이상 어느 특정 분야에서는 탁월한 전문가라 할지라도 다른 분야에서는 비전문가일 수밖에 없다. 따라서 자신의 전문 분야를 넘어서 연구할 경우에 전에 없는 참신성과 창의성을 발휘할 수도 있지만, 그만큼 오류를 범할 가능성도 높다. 그리고 특정 분야에서 탁월한 경우 다른 분야에서 오류를 범했는데도 대중들은 그 오류를 진실로 받아들이는 경우도 생겨난다.(강영봉, 2008) 이러한 비판은 석주명이 제주도의 방언, 문화, 사회 등의 연구성과에서도 그대로 적용할 수 있다.

석주명 당시는 학문 융복합이니 지역학이니 하는 개념조차 없던 시기이다. 따라서 우리는 그에게서 학문 융복합과 제주학의 맹아를 찾으려고 해야지 그것들의 완성을 기대해선 안 된다. 그가 세상을 떠난 후 우리 학계는 장족의 진보를 이뤘기에 그의 학문적 공과를 평가하고 그의 학문적 오류를 바로잡는 것은 오늘날 후학들의 몫이다.

3
깨어 있는 세계시민*

민족주의적 평화주의자

지역주의적 세계주의자

합리주의적 인문주의자

학문적 자유인

* 이 글은 동국대학교 동서사상연구소의 《철학사상문화》 25호(2017)에 실린 윤용택의 「석주명의 학문이념에 관한 연구–통재와 융섭의 측면을 중심으로」를 다듬은 것이다.

민족주의적 평화주의자

석주명은 다양한 학문 분야에 두루 능통하였고, 서로 다른 이념이나 관점을 배척하지 않고 받아들여 잘 녹여내어 화합하고 있다. 그는 인문과학과 자연과학, 지역과 세계, 과거와 현재, 특수와 보편 등과 같이 서로 배척할 수도 있는 영역과 관점들을 자연스럽게 넘나들고 서로가 장애가 되지 않고 조화를 이루려고 하였고, 각자의 자리에서 서로 껴안으려 했다.

그는 우리나라 에스페란토운동사에서 중요한 위치를 차지한다. 1887년 폴란드의 자멘호프가 창안한 국제어인 에스페란토는 문법이 한 페이지에 쓸 수 있을 정도로 간략하고, 어휘도 라틴어 계열의 주요 언어들의 공통어휘들이어서 배우기가 쉽다. 에스페란토운동은 각 민족은 자국민과 소통할 때는 모국어로, 외국인과 소통할 때는 에스페란토로 소통하자는 운동으로 약소민족의 언어를 살리기 위한 민족주의 운동이면서, 민족 간 대립과 분쟁을 해결하기 위한 세계평화운동이다.

그는 민족 간에 언어적 평등 없이는 세계평화를 기대할 수 없으며, 특정 강대국이 자국어로 타 국민들에게 소통하도록 강요하는 것은 민주적이지도 평화적이지도 않다는 입장을 취했다. 그는 국제어가 갖추어야 할 조건으로 ①(강대국의 언어가 아니라) 중립어라야 할 것, ② 표현이 자유로워야 할 것 ③ 쉽게 배울 수 있어야 할 것 등을 내세운다. 강대국의 언어는 그것을 모국어로 사용하는 사람들과 사용하지 않는 사람들 사이에 지배-피지배 관계가 성립되어 중립어라 할 수 없고, 세계적 학술어로 사용되는 라틴어는 표현도 자유롭지 못하고 배우기가 어렵다. 반면에 에스페란토는 영어를 배우는 20분의 1 노력이면 충분히 습득할 수 있을 정도로 쉽게 배울 수 있어서, 국제어가 갖춰야 할 세 가지 요건에 모두 부합한다.

가고시마고농에서 에스페란토를 공부한 석주명은 귀국 후에 신문과 잡지를 통해 그 필요성을 널리 알렸고, 연구논문들을 직접 에스페란토로 발표하거나 요약문을 쓰기도 하였다. 그는 에스페란토로 세계 학자들과 학술교류를 하려 하였고, 자신의 국제적 명성과 학자라는 신분을 등에 업고 일본어를 강요하면서 우리말 말살정책을 펴는 일제에 저항하였다.(홍성조 · 길경자, 2005) 일제의 식민통치를 받고 있는 조선의 지식인으로서 평화의 언어인 에스페란토를 통해 조국과 세계의 평화를 꿈꾸는 것은 지극히 자연스런 일이었고,(이영구, 2012) 합리적인 민족운동의 일환이기도 했다.

일제강점기에 에스페란토 효과를 체험한 그는 해방 직후부터는 일반대중에게 에스페란토 강습회를 열고, 경성대학(서울대학교), 국학대학, 홍익대학 등 여러 대학에서 에스페란토 강좌를 개설하였으며, 에스페란토 교과서와 소사전을 보급하면서 에스페란토운동을 주도하였다. 그는 1947년에 발간한 『국제어 에스페란토 교과서 부(附)소사전』 머리말에서 다음을 밝히고 있다.

> … 1민족 2언어주의 즉 국내에서는 모국어를 사용하고 국제간에는 국제어 즉 세계공통어를 사용하자는 주의는 과학적이고 세계의 여러 약속민족들은 일층 고조(高調)하여야 할 문제이다. 우리 조선민족으로는 이 에스페란토를 통하여 타민족들과의 문화교류를 도(圖)함이 건국에 이바지하는 것이 되겠고 건국 후에도 밟을 것이다. 더욱이 영, 소, 불, 독 등의 제어(諸語)의 습득을 요하는 때도 먼저 에스페란토를 습득한 후에 제(諸)민족어에 착수하는 것이 능률적이다. 구체적으로 말한다면 영어를 5개년 공부한대도 먼저 1개년만 에스페란토를 공부하고 후에 4개년을 영어공부하는 것이 오히려 영어실력이 강해진다는 것이다. 그것도 그럴 것이 이 에스페란토는 구주(歐洲) 제국어(諸國語)의 공통어원과 계통을 기초로 한 것이니 구주제국어 습득에의 돌다리 역할을 하는 것이기 때문이다. ….

에스페란토는 어휘들이 유럽의 여러 언어들의 공통어근에서 나왔고 문법도 간단해서 배우기가 쉬울 뿐만 아니라, 일단 배우면 다른 외국어를 배우기도 쉬워서 다른 외국어를 습득하기 위한 시간과 노력을 절약할 수 있다. 그런 점에서 에스페란토운동을 폈던 석주명은 합리적 민족주의자이면서 평화주의자라 할 수 있다.

지역주의적 세계주의자

석주명은 우리 민족이 새나라 건설을 모색하던 1947년에 『국제어 에스페란토 교과서 부(附) 소사전』과 『제주도 방언집』을 펴냈다. 이는 언어적으로 지역, 민족, 세계 사이에 민주적 소통이 중요하다는 것을 잘 보여주는 중요한 사례이다. 그는 우리 민족이 당당한 세계의 일원이 되기 위해서는 국제어인 에스페란토를 배워야 하고, 우리말이 풍성해지기 위해서는 우리 옛말이 남아 있는 제주방언을 잘 연구해야 한다고 보았다. 더 나아가 그가 제주도를 연구했던 근본적 이유는 제주의 언어와 문화 속에 우리나라 본 모습이 잘 남아있기 때문이었다. 그 점에서 그의 제주도 연구는 국학의 연장이었다.

그의 국학 논저로는 『한국본위 세계박물학연표』를 들 수 있다. 여기서 '박물학(博物學)'은 단순히 생물학에 대한 지식만이 아니라, [무생물에 대한 지식까지 포함한] '물(物) 또는 사물(事物)에 대한 지식을 넓히는 학문'을 이르는 것이다.(신동원, 2012) 그렇기 때문에 석주명의 세계박물학연표는 단순한 세계생물학사가 아니라 세계과학사요 세계문화사인 것이다. 국학자인 정인보(1893~1950)는 1949년 3월에 쓴 『한국본위 세계박물학연표』의 서문에서 이야기하고 있다.

… 학우 석주명 교수는 한국 나비연구의 석학으로 그 존재가 이미 세계적인 지 오래다. 그동안 이 연구에 관한 저술이 남모르는 가운데 우리 민족의 지위를 올리었다. 그 두뇌와 안목과 솜씨가 실로 아니 들어가는 데가 없을 만큼 정밀함으로 혹 언어학에 혹 지리학에 무릇 자기 연구하는 바와 맥락이 서로 통하는 곳이면 그 부지런을 쓰지 아니한 데가 없다. 최근에 내어놓은 제주방언연구도 그 하나다. 무릇 우리나라 안에 있는 것이면 무엇이고 우리와 관계가 있다. 관계가 있는 바에는 그것을 잘 알아야 한다. 세계는 '우리'의 늘림이다. 우리의 가까운 것을 잘 알아서 유취(類聚)로 군분(群分)으로 구명(究明)으로 이용으로 쉬지 아니하고 나아가 여기에 이루어지면 일국일물(一國一物)의 발견이 세계의 수준을 올리게 되는 것이다. … 이즈음 그는 또 세계박물학연표를 만들어서 내게 보이면서 고증하기에 여러 가지 고경(苦境)을 지난 것을 말하였다. 우리에게는 처음 있는 저작이다. 정조(正朝) 때 정다산(丁茶山) 선생에게 명하여 현융원임목(顯隆園林木)을 보살피고 오라고 하셨더니 다산이 도표식으로 초목부(草木簿)를 만들어 바치었다. '구슬이 서말이라도 꿰어야 구슬이라'라는 말과 같이 있다고 내 것이 아니다. 정리하여 놓은 뒤라야 쓰이는 것이다. 다산이 초목부표(草木簿表)를 만든 것이나 지금 석 교수가 이 박물학연표를 내는 것이나 그 일반 고심(苦心)은 통하는 것이다. 석 교수

96 世界博物學年表

西紀	博物學關係事項	朝鮮年號	
A.D. 1790	朴齊家는 燕으로부터 種痘法을 輸入	李朝	正祖 14
〃	메―터 (Meter)法이 決定됨. 1 M은 巴里通過子午線의 4千萬分之1	〃	〃 〃
〃	獨人 게―테(Johann W. Goethe) 著「파우스트(Faust)」	〃	〃 〃
〃	避雷針의 發明者 프랭클린(Benjamin Franklin) 死(1706死)	〃	〃 〃
1790頃	開城一帶에서 養蔘 業이 發達	〃	〃 14頃
1791	八道輿圖의 徑線을 漢陽의 子午線으로 補正	〃	〃 15
〃	具再命에 命하야 無冤錄 諺解를 中外에 刊布케 함	〃	〃 〃
〃	西洋學을 禁하기 爲하야 먼저 稗官小說을 禁	〃	〃 〃
〃	天主學을 막기 爲하야 北京으로 부터의 書籍輸入을 一切 禁	〃	〃 〃
〃	洋書를 불태우다	〃	〃 〃
1791	第1次의 邪教의 獄을 일으켰음(辛亥教獄)	〃	〃 16
〃	日本서는 醫學館을 官設	〃	〃 〃
〃	日本서는 男女混浴을 禁	〃	〃 〃
〃	伊人 갈바―니(Louigi or Aloisio Galvani)는 動物體內 電氣의 研究에 寄與	〃	〃 〃
〃	美國은 國都를 Washington으로 定	〃	〃 〃
1792	徐有隣은 當時 東洋에 있어서의 最優秀한 法醫學書 增修 無冤錄 諺解를 編	〃	〃 16
〃	各 道郡의 北極高度를 測하야 各道의 李節時를 定	〃	〃 〃
〃	歐羅巴에서는 地球·子午線의 길이가 測定됨	〃	〃 〃
〃	佛國化學者 라봐제―(Antonie Laurent Lavoisier)는 物質 不滅說을 確立	〃	〃 〃
〃	佛人 루브란(Lebrun)은 소―다(Soda)를 發明	〃	〃 〃
〃	佛人 쟈벨루(Eau de Javelle)는 漂白粉을 發明	〃	〃 〃
1793	白靴를 禁	〃	〃 17
〃	廓爾喀은 淸(中國) 高宗에 象馬를 貢	〃	〃 〃
〃	暎咭唎 國의 存在가 알려지다	〃	〃 〃
〃	佛國서는 基督教를 廢하고 道理崇拜를 布告	〃	〃 〃

『한국본위 세계박물학연표』의 일부(96쪽)

1인의 힘으로 인하여 우리의 나비가 세계의 학(學)에 새빛을 내더니 이제 우리의 과거까지 아울러서 세계의 기류 위에 얹어 피차의 교류됨이 이러함을 보이였다. 박물학연표가 박물학연표만이 아니다. 단편적으로 연대의 층이 나타나는 속에 등류적으로 그때 그때 일체의 현상까지 보이는 바가 크다. 내가 석교수를 만난 지도 어느덧 십오륙 년이나 된다. 그때는 아는 이가 적었고 지금 와서는 모르는 이가 없다. 그러나 그의 부지런은 한결이다. … 나는 박물학에 대하야 비평할 밑천이 없다. 국학(國學)의 영역 안에서 서로 비추는 바 깊은 지 오램으로 두어 줄 글월을 써서 권두에 붙인다.

이 책은 우리나라 사람을 위한, 문자 그대로 우리의 입장에서 본 세계과학사요, 세계문화사이다. 이는 그가 추구했던 '조선적 생물학', 즉 '우리 생물학'의 연장이요 자연과학에서 국학운동의 산물이라 할 수 있다. 그러나 석주명은 권두언에서 그 책을 국수적 민족주의가 아닌 보편적 세계주의와 결합된 민족주의 입장에서 서술했음을 밝히고 있다.

국가가 있는 민족은 어느 분야에 있어서나 자국을 중심으로 한 연표를 요구한다. … 이 연표의 내용들은 첫째로 창의가 있어야겠고, 그것이 세계적 또는 한국적이라야만 했다. … 박물학 사상이 철저히 보급만 된다면 인종차별이 없고, 계급이 없고, 남녀가 평등한 사회가 이 지구상에 건설될 것이 기대되는 것이니 여기에 취급된 사항들에는 이 점이 연관된

> 게 적지 않다. … 편자는 이 연표에 한국을 중심으로 한 세계과학사 내지 세계문화사에 호흡이 맞도록 힘써 보았다. …. (1949a)

그가 이 책을 집필하게 된 것은 우리나라 중심의 박물학연표를 만드는 것 말고도 모든 인류는 평등하므로 남녀, 인종, 계급 간에 차별이 있어선 안 된다는 당위적 명제를 박물학이라는 객관적 사실과 과학의 발전 내지는 문화의 전개과정을 통해 합리적으로 보여주려는 것이었다. 그는 당대의 지식인으로서 일제강점기에서 갓 벗어난 우리 민족이 세계국가의 일원으로 당당한 민주적 민족국가를 건설하기 위해 자신의 학문적 역량을 기여하려 했다.

우리나라 중심의 세계박물학연표를 작성하기 위해서는 지질, 물리, 생물, 화학 등 자연과학 분야뿐만 아니라 우리나라, 중국, 일본 등 동아시아와 유럽과 미국 등 서양의 역사, 과학, 문화 등에 대한 광범위한 지식이 필요했다. 따라서 그는 『삼국사기』와 『삼국유사』 같은 고전뿐만 아니라 해방 후에 나온 각종 우리나라 역사연대표와 세계역사연대표에 이르기까지 국내외 논저와 각종 신문 등을 참고하였고, 국학, 국어학, 역사, 민요, 의학, 식물학 등 다양한 분야 전문가의 도움을 받기도 하였다.

이는 석주명이 자연과학뿐만 아니라 인문사회에도 관심이 많았고, 하나를 제대로 알기 위해서는 전체를 알아야 한다는 통합적 관점, 그 어떤 지식도 자신이 발 딛고 있는 현실과 부합되어야 한다는 주체적 관점을 취하고 있다는 것을 잘 보여주고 있다. 그리고 그는 인문학과 자연과학, 지역과 세계, 과거와 현재, 특수와 보편 등을 자연스럽게 넘나들면서 서로가 장애가 되지 않고 조화를 이루려고 하였다. 그러한 그의 학문적 태도는 서로 다른 학문들을 융복합하고 세계화와 지역화를 아우르며 살아가야 하는 우리에게 많은 시사점을 준다.

합리적 인문주의자

석주명의 학문 전체를 놓고 볼 때, 제주도를 연구하기 이전과 이후는 확연히 다르다. 그가 제주도에 오기 전까지는 대부분 나비와 에스페란토 관련 글들을 발표했지만, 제주도에 머물면서 그의 학문적 연구 범위는 인문사회 분야까지 확장된다. 한낱 곤충학자에 불과했던 그가 제주도를 연구하면서 그는 명실상부한 통합학자로 거듭나게 된 것이다.

그는 인간도 다른 생물처럼 환경의 지배를 받는다고 본다. 이를테면 특정 지역에 경기가 좋거나 농산물이 잘 되면 사람들이 그곳으로 모이는 것은 마치 설탕물에 파리가 많이 모여드는 것과 다르지 않다는 것이다. 그리고 그는 나비채집을 위해 전국을 두루 여행하는 과정에서 식물상이 달라지면 곤충상이 달라지고, 자연환경이 달라지면 사회문화도 달라진다는 것을 알았다. 그러한 환경결정론적 사고는 인간의 주체성을 무시한다는 비판도 가능하지만 주어진 자연환경의 지배를 많이 받던 전근대적 사회에서는 설득력이 있는 주장이다.

그는 1936년 여름 제주도에서 나비채집을 하면서 제주의 언어와 풍습이 독특하다는 것을 알았다. 그는 조를 파종한 후에 소나 말로 밟으며 부르는 노동요의 의미를 잘 알 수 없지만 어딘가 낭만적인 데가 있어서 포충망을 옆에 놓고 황홀하게 그 노래를 듣기도 하였다. 그는 당시 제주도에서 받은 강렬한 인상 때문에 1943년 봄에 생약연구소 제주도시험장으로 오자마자, 제주도의 자연과 문화를 연구하기 시작한다.

해방 직전 그가 제주도에 체류하던 당시는 제주도의 자연과 문화에서 제주적인 것들이 아직 많이 남아 있어서 제주도에 대한 자료를 효과적으로 수집하기에 최적기였다. 그리고 당시 그는 나비 분야에서는 세계적 학자로 자리를 굳힐 만큼 학문적으로 최고 절정기였다. 그는 제주도에 체류하는 동안 수많은 제주도 자료를 수집하고, 1945년 5월 제주도를 떠난 다음 해방 직후 여섯 권의 제주도 총서로 정리해낼 기획을 한다. 석주명의 제주도 총서는 한 개인에 의해서 특정 지역을 자연, 인문, 사회, 과학, 역사 부문 등을 망라하여 최초로 총서로 기획하고 출판했다는 점에서 우리나라 출판사적으로 중요한 의미를 지닌다.(최낙진, 2012)

그는 스스로 반(半)제주인이라 밝힐 정도로 제주도를 사랑하고 제주도를 떠나서도 서울에서 해방 직후부터 4년 동안 제주도와 관련된 각종 신문기사를 모으고 분석하였다. 그러다가 1948년 2월에 다시 제주를 찾아 제주도의 고유문화가 사라져 가는 것을 안타까워하면서 그 감회를 신문에 기고하기도 하였다.

그는 제주도 연구를 통해 제주문화를 발굴하고 구명함으로써 민족 문화를 더 풍성하게 하려 하였다. 그가 보기에 제주도의 동식물은 일본보다는 한반도와 공통되어 생물학적으로 제주도는 분명히 한국에 속하고, 제주문화는 우리 문화의 원래 모습을 많이 남아 있었다. 따라서 그의 제주도 연구는 우리 문화의 뿌리를 밝히고 우리 민족의 터전을 넓히려는 노력의 일환이었다.

1968년 유고집으로 발간된 그의 『제주도 수필』 서문에 그의 제주도 연구의 방법이 잘 나타나 있다.

> '제주도(濟州島)'는 나의 연구 테에마의 하나이다. 일상생활에서도 내가 보고 듣고 읽는 것 중에서 제주도에 관한 것이라면, 적당한 제목을 붙들어서 수시로 카아드에 기록하여 쌓아두었었다. 축적된 카아드 중에서 제주도 방언에 관한 것은 뽑아서 벌써 졸저『제주도 방언, 제3편 수필』에서 정리하였다. 이제 그 나머지의 것과 그 뒤에 모인 것들을 정리한 것이 이 책인데, … 저자로서는 이 책이 제주도에 관심을 가진 인사들에게 다소라도 도움이 된다면 행(幸)으로 생각한다.
>
> \- 1949. 5. 15. 서울에서

그의 제주도 연구는 국학의 연장이었다. 그는 일찍이 제주도의 특이한 자연과 문화가 귀하다는 것을 깨닫고, 그것들이 사라지는 것을 안타까워하면서 누군가 그것을 행할 것을 기다리지 않고, 제주도의 자연뿐만 아니라 인문사회 분야 연구에 직접 뛰어들었고, 제주학 연구의 초석이 되는 제주도 총서를 결집해냄으로써 자타가 공인하는 제주학의 선구자가 되었다.

그는 지역이 달라지면 동식물상이 달라지고 문화가 달라지고, 곤충과 방언이 달라지는 것 사이에 서로 유사성이 있다는 것을 알고, 나비분류학에 쓰던 정량적 방법을 방언연구에 응용하였다.

> 방언과 곤충 간에는 지방 차와 개체 차로 보아 공통점이 많아서 방언을 연구하는 방법으로 곤충을 연구할 수도 있겠고 또 곤충을 연구하는 방법으로 방언을 연구할 수도 있을 것이다. … 이 연구방법은 별로 독창적인 것이 아니고 곤충학에서는 흔히 쓰이는 것이나 방언연구에 응용한 데 의의가 있고, 필자가 감히 전문 외의 학문에 손대게 해준 것이었다. 뿐만 아니라 나의 제주도 곤충조사와 제주도 방언 내지 제주도 조사 간에, 좀 더 크게 말하면 나의 곤충학과 제주도학 간에는 긴밀한 연관성이 있는 것이다. (1948d)

1947년 발간된 『제주도 방언집』은 제주방언을 표준어에 대응시킨 어휘집이자 제주어 연구서이다. 석주명은 제주방언을 수집하는 데 그치지 않고 그것을 분석하여, 제주방언과 다른 지방 방언의 공통점을 찾고, 조선고어에서 그 유래를 찾기도 한다. 그리고 그는 나비분류학에 사용했던 연구방법을 방언연구에 응용하여, 각 어휘 중에서 전라도, 경상도, 함경도, 평안도 등의 방언들과 공통점을 뽑았다. 그 결과 제주방언 가운데 전라도와 경상도 방언과 완전히 동일한 것은 각각 5

퍼센트에 불과하다는 사실이 드러났다. 제주방언이 그만큼 특이하다는 것을 입증한 것이다.

그는 '제주어'라는 용어를 처음으로 사용하여 제주방언을 표준어와 어깨를 나란히 하게 하였다. 그리고 그는 제주도가 예전에 제주목(濟州牧), 정의현(旌義縣), 대정현(大靜縣)으로 나뉘었던 점을 감안하여 제주어도 3지방어로 나눌 수 있고 그 지방어들도 마을마다 다를 수 있다는 것을 인정한다. 하지만 그는 편의상 제주어를 한라산을 중심으로 남부어와 북부어로 나누었다. 이는 그가 제주어의 경우에도 제주도 내의 소지역간에 차이를 인정함으로써 언어적 차원에서 지역 평등주의 입장을 취하고 있음을 보여준다.

그리고 그는 서울 부근의 말은 아니지만 우리나라 전역에서 사용되는 말들은 단연 표준어로 편입시켜야 한다고 주장한다. 수도권에서 쓰는 말만 표준어로 할 게 아니라 전국에서 널리 쓰는 말도 표준어가 되어야 한다는 것은 수도권 중심적 사고에서 벗어나 언어적 차원의 지역 평등주의 입장을 취하고 있음을 보여준다. 이는 세계공통어로서 국제어는 강대국의 언어가 아니라 중립어라야 한다는 주장과도 상통한다. 국제어와 표준어에 대한 그의 입장은 언어적 측면에서 민주적이고 평등주의적인 입장을 취하고 있다는 걸 알 수 있다.

그는 『제주도의 생명조사서』에서 마을별, 나이별, 성별, 생사별, 거주지별 등의 인원수를 통계내고, 이를 바탕으로 제주도 전체 인구의 특징과 그 원인을 추리함으로써 당시 제주사회의 실태를 규명하였다. 그는 제주도 가족제도의 특징인 철저한 분가제도를 실증적으로 보여주었고, 제주도에 여자가 많은 가장 큰 원인은 남자가 많이 죽기 때문이고, 부차적으로는 자연이 척박하여 남자가 일정기간 타향에서 돈 벌러 나가거나 고기를 잡으러 나가기 때문이라고 진단한다. 그는 나비연구를 통해 터득한 관점과 방법론들을 인문사회 분야를 연구하는 데도 활용함으로써 학문 융복합의 가능성을 보여주었다.

석주명은 『제주도 문헌집』에서 자신이 읽었던 책들 가운데 제주도와 관련되거나 제주도에 대해서 언급한 1,000여 편의 논저를 저자명순, 내용순, 연대순 등으로 분류하고, 그것들을 다시 총론부, 자연부, 인문부로 나누고 있다. 총론부는 제주도와 관련해서 총론적 성격의 문헌들을 수록하고 있다. 자연부는 기상, 해양, 지질광물, 식물, 동물, 곤충 등 제주도의 자연을 6개 분야 총 400여 편을 다루고 있는데, 자연과학 전반에 대한 그의 폭넓은 지식을 보여주고 있고, 인문부에서는 언어, 역사, 민속, 지리, 농업, 정치, 행정, 사회, 위생, 교육, 종교 등 총 11개 분야 약 600편을 다루고 있다. 이는 그가 제주도와 관련된 자연 분야뿐만 아니라 인문사회 분야의 문헌들을 상당한 정도로 섭렵했음을 보여준다.

『제주도 수필』은 제목만 보면 수필집으로 착각하기 쉬우나 내용으로 볼 때, 제주도의 자연과 인문사회에 대한 다양한 자료들이 들어 있어 작은 제주백과사전이라 할 만하다. 석주명은 제주의 자연과 문화의 독특성을 다른 지역과 비교를 통하여 드러내려 하였다. 외지인이었던 그는 제주도의 자연과 문화를 다른 지역과 비교를 통해 좀 더 객관적 측면에서 '제주다움'과 제주도의 가치를 찾으려고 하였다.

『제주도 자료집』은 잡지에 기고했던 제주도와 관련된 글들을 모은 것으로 제주어와 관련된 글들이 많아 『제주도 방언집』의 자매편이라 할 만하다. 그는 이 책에서 "제주도명 지명을 포함한 동식물명"에서는 제주, 제주도, 탐라, 영주, 한라산 등이 포함된 동식물명 140여 개를 열거함으로써 생명종 다양성 측면에서 제주도의 생물학적 가치를 간접적으로 보여주고 있다. 그리고 그는 제주도의 동식물명 800여 개, 농임수산업관련 제주어 1,000여 개, 한자의 음훈(音訓)에서 표준어와 다른 제주어 200여 개, 지금은 한자어로 바뀐 190여 개 마을이름을 제주어로 기록하였다. 뿐만 아니라 그는 "제주시조 고양부 삼씨고(濟州始祖 高良夫 三氏考)", "탐라고사(耽羅古史)", "토산당유래기(兎山堂由來記)" 등을 채록하고 견해를 밝힘으로써 인문 분야에서 전문성을 보여주고 있다.

학문적 자유인

석주명의 학창시절은 전통학문에서 근현대학문으로 전환되는 시기였고, 그가 학자로 활동하던 시기는 크게 일제강점기, 미군정기 및 한국전쟁기였다. 그의 학문연구는 그러한 시대상을 반영하고 있다. 그는 학자로서 활동한 기간은 20년이 채 안 되지만, 나비 분야에서는 세계적 학자로 인정받았고, 곤충 분야만이 아니라 자연과학, 인문과학, 사회과학을 넘나들며 많은 업적을 남겼다.

그의 나비연구가 무르익으면서 그의 학문세계는 인간, 자연, 사회로 확장되었다. 그는 나비를 제대로 알기 위해서는 곤충을 알아야 하고, 생물을 알아야 하며, 뿐만 아니라 물리, 화학, 지질 등 자연과학과 자연사를 알아야 하며, 문학, 역사, 철학 등의 인문학과 예술에도 조예가 있어야 한다는 사실을 알았다. 그리고 아는 데 그치지 않고 우리나라 나비의 계통을 세우기 위하여 방방곡곡을 다니며 나비채집을 하였고 우리 고전과 나비 관련 논저들을 검토하였다.

가고시마고농 시절에 접한 에스페란토는 그의 세계관을 확장시키는 데 주요한 역할을 한 것으로 보인다. 같은 민족이나 국민끼리는 모국어를 사용하고 외국인과는 배우기 쉬운 에스페란토로 소통하자는 에스페란토 운동은 외국어를 배우기 위해 불필요한 시간과 노력을 줄이자는 합리주의 운동이고, 약소민족과 국가의 언어를 살리기 위한 민족운동이면서 민족 간 대립과 분쟁을 해결하기 위한 평화운동이기도 하다. 그리 본다면 그의 평등주의, 민족주의, 세계주의적 사고는 국제어인 에스페란토를 학습했던 영향이 크다 할 수 있다.

그는 제주도의 가치를 알고, 제주도만을 전문적으로 연구할 필요성을 깨닫고 '제주도학'이라는 용어를 처음으로 도입했다. 곤충학자였던 그는 제주도를 연구하면서 그 범위가 인문사회과학까지 확장되어 통합학자로 거듭난다. 그리고 나비를 연구하면서 터득한 개체변이를 통한 경험적 · 통계적 · 귀납적 · 실증적 방법들을 제주도의 방언과 인구를 연구하면서도 그대로 활용함으로써 학문 융복합의 가능성을 보여주었다.

그는 제주도의 관점에서 볼 때 이방인이자 인문사회학의 측면에서 볼 때 비전문가였다. 그렇기 때문에 그는 제주도연구에 뛰어들어 해당 분야의 주류 전문가들이 보지 못한 것을 보게 되는 참신성과 과감성을 발휘하면서, 제주문화를 한국문화의 원형을 유지하고 있다는 점에 주목하고 있다. 하지만 토박이 제주인의 입장에서 볼 때, 제주문화에 대한 그의 이해는 한계가 있다. 그럼에도 불구하고 그가 제주학 연구의 기초가 되는 제주도 총서를 결집해낸 제주학의 선구자라는 사실은 부인하기 어렵다.

그가 지역어인 제주방언을 수집하고 연구한 것은 국제어인 에스페란토의 중요성을 알리고 그것을 널리 보급하려 했던 것과 비교해볼 수 있다. 그는 제주방언을 연구하는 과정에서 서울 부근의 말은 아니더라도 우리나라 전역에서 사용되는 말은 표준어로 편입시켜야 하며, 지역어인 제주어에서도 한라산 남쪽과 북쪽의 제주방언도 차이를 인정하면서 언어적 차원의 지역 평등주의 입장을 취하고 있다. 그러한 입장은 국제어는 강대국의 언어가 아니라 중립어라야 한다는 그의 주장과도 상통한다.

그는 전통학문과 근대학문의 과도기를 살았고, 자신의 전문 분야인 나비연구에 충실하면서도 인문사회 분야까지도 아우르는 통합적 학문을 시도하였다. 그는 현실을 중시하는 주체적 경험주의자이면서도 새로운 이론은 만인에게 승인되어야 한다는 객관주의자이고, 각 지역이나 민족은 동등한 권리를 지닌다는 평등주의자이면서도 보편적 지식과 지혜를 구하기 누구나 쉽게 습득할 수 있는 국제어로 세계인과 소통해야 한다는 보편적 평화주의자였다.

자연과학자였던 그는 객관적인 경험주의와 합리주의를 취하면서도, 식민지 백성이자 약소민족의 지식인으로서 주체적 민족주의, 민주주의, 평화주의로 나아갔다. 그리고 그는 인문학과 자연과학, 지역과 세계, 전통과 현대, 특수와 보편 등을 자연스럽게 넘나들면서 오래된 것이라 폄하하지 않고 새로운 것이라 해서 경시하지 않았으며, 지역주의, 민족주의, 세계주의 어느 한쪽에 치우치지 않고 서로 껴안고 받아

들여 걸림이 없이 조화를 이뤘다.

석주명은 일제강점기와 이념의 혼란기를 살았던 합리적 지식인으로서 국학운동과 에스페란토운동을 통해 세계의 일원으로 당당하고 풍요로운 나라를 세우기 위해 서로 다른 분야와 관점들을 배척하지 않고 조화를 이루려 하였다. 그의 태도는 이념이 다른 이들과 공존하며 살아가야 하는 오늘날 우리에게 많은 시사점을 준다.

4
제주학의 선구자*

* 이 글은 『학문 융복합의 선구자 석주명』(2012, 보고사)에 실린 윤용택의 「석주명의 제주학 연구의 의의」를 수정보완한 것이다.

석주명과 제주도 총서

석주명은 적어도 제주도를 세 차례 방문하거나 체류했다. 첫 번째는 1936년 7월 21일부터 8월 22일까지 제주도의 나비를 채집하기 위해 1개월 남짓 체류한 것으로 이에 대해서는 「제주도산접류채집기」와 「제주도의 회상」에 기록되어 있다. 두 번째는 1943년 4월 24일부터 경성제대 부속 생약연구소 제주도시험장이 개장하면서 부임하여 1945년 5월 개성으로 복귀할 때까지 2년 남짓 근무한 것이다. 마지막으로 1948년 2월경에 제주도를 찾아 일주한 바 있는데, 이는 《제주신보》에 실린 '조선의 자태-제주에서'라는 기고문에서 "이도후(離島後) 4년만에 다시 와보니 해방과 38선 관계로 육지인들의 입도와 육지문화의 침윤(浸潤)으로 제주도의 특이성이 없어저감을 느낀다."는 대목에서 추론할 수 있다.

그는 1936년 여름 한 달 제주도에서 나비채집하면서 제주의 자연과 문화에 강렬한 인상을 받았다. 하여 1943년 4월 경성제국대학 의학부 미생물학교실 소속의 '생약연구소 제주도시험장'으로 자청하여 전근을 오게 된다. 자연과학자였던 그는 제주도에서 사계절을 지낼 수 있는 좋은 기회로 알고, 누구도 가기를 꺼리는 벽지 근무를 자원했던 것이다. 그는 제주도에 장기간 체류하게 됨으로써 자신의 전문 분야인 제주도 나비에 국한하지 않고 제주도의 자연과 인문사회 분야에 이르기까지 관심을 넓혀 제주도의 전반적인 진상을 규명할 수 있는 좋은 기회를 얻었다.

그는 제주도에 애초에는 1년 머물 계획이었으나 체류기간을 연장하여 1945년 5월까지 머물면서 상당량의 제주학 자료를 수집하였다. 그는 제주도에 부임하자마자 육지와 너무나 판이한 여러 가지 현상에 흥미를 느끼고 나비와 더불어 '제주도(濟州島)'를 그의 연구테마로 삼았다. 그는 곤충채집부터 방언, 인구, 제주도 관련 문헌과 자료 등을 조사하기 시작했으며, 일상생활에서 보고 듣고 읽은 것 중에 제주도에 관한 것이 나오면 즉시 적당한 제목을 붙여 카드에 기록해 쌓아두었다.

곤충에서 시작된 석주명의 제주도 연구는 언어, 역사, 문화, 의학, 사회문제 등으로 광범위하게 확장되어 간다. 그의 제주학 연구 성과의 대부분은 제주도 총서와 그의 글모음집인 『석주명 나비채집 20년의 회고록』 속에 결집되어 있다. 그의 학문 전체를 놓고 볼 때, 제주도 연구 이전과 이후는 확연히 다르다. 그가 1943년 4월 제주도에 오기 전까지 그의 연구 대부분은 나비와 관련된 것이다. 그러나 제주도에 머물게 되면서 그의 학문적 연구는 인문사회 분야까지 확장된다. 제주도에 오기 전까지는 한낱 나비연구가이자 곤충학자에 불과했던 그는 제주학 연구를 거치면서 그는 명실상부한 통합학자가 되었다.

그가 해방 직전 2년여 동안 제주도에 체류한 것은 매우 큰 의미를 지닌다. 그 시기는 제주 4·3 이전이어서 제주도의 자연과 문화에서 제주적인 것들이 아직 많이 남아 있었고, 석주명으로서는 학문적으로 최고 절정기였기 때문에 제주도의 자연과 인문에 대한 자료를 수집하기에 최적기였다. 그리고 제주도를 떠난 직후에는 개성에서, 해방 이후에는 서울에서(제주도에서의 4·3 혼란기를 피해) 제주도 관련 자료들을 분류하고 분석하는 데 전념할 수 있었다.

그는 해방 직전인 1945년 5월에 제주도를 떠나고, 그 후 2년 동안 제주도 관련 자료들을 분석하고 정리하여 제주도 총서를 기획하고 발간하기 시작한다. 그리고 해방 이후부터 한국전쟁 직전까지 서울에서 발행하는 《자유신문》, 《중앙신문》, 《조선인민보》, 《매일신보》, 《서울신문》, 《조선일보》, 《대동신문》, 《동아일보》, 《조선의약신보》, 《독립신보》, 《현대일보》 등 수십 종의 신문에 등장하는 제주도 관련 기사들을 수집하여 정리하고 있다. '해방 이후 4년간의 신문기사로 본 제주도'는 당시 미국이 제주를 보는 시각, 제주가 전남에서 분리되어 도로 승격되는 과정, 콜레라 창궐로 390여 명 사망, 당시 미국이 제주도를 보는 입장, 제주 4·3의 계기가 된 1947년 3·1절시위사건에 대한 각 중앙신문들의 견해, 태도, 제주 4·3을 보는 미군정의 견해 등을 엿볼 수 있는 자료이다.

그리고 그는 정부수립을 전후하여 《제주신보》에도 두 차례 기고한다. 1948년 2월 제주를 방문하고 기고한 '조선의 자태'(1948. 2. 6)에서 제주다움과 제주적인 것이 사라지는 것을 보고 안타까워하면서 하루바삐 한국의 지식인들이 금싸라기 같은 제주도의 자료를 수집하여 체계를 세울 것을 주장하였다. 그리고 누군가가 그것을 해주기를 기다리지 않고 자연과학도였던 그가 인문사회학적 연구를 직접 수행하여 마침내 제주도 총서를 남김으로써 제주학의 선구자가 되었다. 그는 '제주도청론'(1948. 10. 20)에서 자신이 제주를 누구보다 잘 아는 반(半)제주인임을 밝히면서 제주도는 타 도에 비해 규모가 작기 때문에 일반도청이 아니라 중앙청 직속의 특별도청이 들어와야 한다고 주장했다. 그는 이미 정부수립 당시부터 제주도는 다른 지역과 달리 특별도가 되어야 한다고 생각하고 있었던 것으로 보인다.

석주명은 제주도시험장 근무를 마치고 1945년 5월 개성의 본소로 귀임한 직후 제주도에서 수집한 자료를 분석하기 시작했다. 그리고 1945년 6월경 수원 '농사시험장'의 병리곤충부장으로 자리를 옮기고, 1946년 9월 서울 국립과학박물관 동물학연구부장을 맡으면서 제주도의 자료들을 본격적으로 분석하여 제주도 총서로 정리해낼 계획을 세우게 된다. 그의 제주도 총서 발간계획은 그의 생전인 1950년 6월에 탈고한 『제주도 자료집』 서문에 잘 나타나 있다.

> 저자가 1943년 4월부터 1945년 5월까지 만 2개년여 제주도에 살면서 수집한 제주도에 관한 자료는, 8·15해방 직후 총서로 하여 여섯 권의 책으로 출간할 계획을 세웠다. 서울신문사출판국의 호의로, 2개월에 1권씩 모두 1년 동안에 필(畢)하려 한 것이, 여러 가지 사정으로 이렇게 지연

되었는데, 지연된 그만큼 내용을 좀더 충실히 할 기회를 갖게 된 것을 다행으로 생각한다. 이 제주도 총서의 발간상황은 다음과 같다. 제1집 제주도 방언집(1947), 제2집 제주도의 생명조사서(제주도인구론)(1949), 제3집 제주도 문헌집(1949), 제4집 제주도 수필(제주도의 자연과 인문)(교료[校了]), 제5집 제주도 곤충상(채자료[採字了]), 제6집 제주도 자료집(탈고[脫稿])으로, 이 제6집에는 제1~5집에 들지 않은 여러 자료를 모은 것이다. 이 자료란 것이 저자가 주로 잡지에 기고한 기간·미간의 졸편들로서 그중에는 기고했던 것을 다시 찾아온 것도 약간 있다. 이 제6집이 제주도 총서의 종권(終卷)이므로 친지의 권고도 있고, 또 연구하는 분의 편의를 고려하여 권말에 졸저목록을 부록으로 넣기로 하였다.

하지만 제주도 총서는 그의 생전에 『제주도 방언집』, 『제주도의 생명조사서-제주도 인구론』, 『제주도 문헌집』 등 세 권만 출간되었다. 나머지 『제주도 수필』, 『제주도 곤충상』, 『제주도 자료집』은 집필이 끝나거나, 활자가 뽑히고 교정이 완료되었지만, 그가 한국전쟁으로 졸지에 세상을 떠남으로써 완간되지 못하고 유고로 남았다가 여동생 석주선의 노력으로 1971년에야 완간되었다

그는 제주도와 관련해서 여섯 권의 제주도 총서와 27편의 논문, 보고서, 기고문 등을 남겼다. 그가 남긴 제주도 관련 자료들은 제주 4·3 이전 것들이기에 더욱 가치가 있다. 그는 세상이 제주도의 가치를 제대로 알지 못할 때, 제주도의 수많은 자료를 수집하고 연구하여 세상에 알렸다.

『제주도 방언집』

이 책은 제주도 총서 제1집으로 1947년 12월 30일 세상에 나왔다. 석주명은 지역어인 제주방언을 수집 연구하여 그 진가를 세상에 알림으로써 방언연구의 중요성을 인식시켰다. 그가 제주방언을 수집하고 연구한 것은 국제어인 에스페란토의 중요성을 알리고 그것을 널리 보급하려 했던 것과 좋은 대비를 이룬다. 하지만 그가 1947년에 『국제어 에스페란토 교과서 부(附) 소사전』과 『제주도 방언집』을 펴낸 것은 그가 세계주의자인 동시에 지역주의자였고, 더 나아가 지역과 세계를 자연스럽게 넘나든 세방주의자(glocalist)였다는 것을 보여준다. 그가 제주방언을 조사하고 수집하게 된 동기는 '국학과 생물학'에 잘 나타나 있다.

어떤 학자의 말에 의하면 이 세상에 언어가 900개 이상이나 있다고 한다. 그 각 민족어는 다시 지방에 따라 여러 지방언어 즉 방언으로 나누이고 또 한 지방의 방언이란 것도 자세히 조사해보면 개인차에 의한 개인어라고 볼 수 있는 것들을 발견하게 된다. 이것을 거꾸로 생각하여 언어에 있어서의 개인차를 제거하여 귀납하면 방언이 성립하는 것이고, 제 방언간의 차이점을 조절하면 민족어가 되는 것이고, 제 민족어간의 공통점들을 계통 세우면 언어분화의 계통을 밝히게 되는 것이다. … 곤충들은 대륙에 따라 그 곤충상이 다르고 같은 대륙에서도 지역에 따라서 지역별의 곤충상간에는 차이가 있는 것이고, 같은 지역에 있어서도 소지역인 지방에 따라서 각 지방 곤충상에는 차이가 있는 것이다. 이것을 거꾸로 해서 생각하여 각 지방의 곤충상간의 차이를 조절하면 지구상의 전 육지를 먼저 몇 개의 큰 구역으로 나눌 수가 있겠고, 그 지역을 다시 소지역으로 나눌 수가 있으며 이렇게 몇 단계로 나눌 수가 있는 것이 조선전토를 도군면동(道郡面洞)의 순으로 나눌 수가 있는 것과 같다. … 이만하면 방언과 곤충 간에는 일맥상통하는 점점이 많아서 방언을 연구하는 방법으로 곤충을 연구할 수도 있겠고 또 곤충을 연구하는 방법으로 방언을 연구할 수도 있을 것이다. … 그러나 제주도에 온 이상 이런 기회에 곤충을 채집하는 한편 방언의 단어라도 많이 모아서 조선어학자에게 제공하는 것은 유의의(有意義)한 일임을 느껴서 단어수집에 상당한 시간을 제공하였다. … 만 2년 간에 수집한 단어는 7,000이 되어서 일단락을 지었고, 그때는 해방되는 해라 차차 시국이 달라져감을 깨닫고 5월에는 그만 귀경하였다. 수집된 단어의 수는 상당히 많으니 이것을 어떤 모양으로든지 정리하면 유의의한 것이 틀림이 없는 일이다. ….(1948d)

일제강점기 당시 조선어 연구의 대가인 오쿠라(小倉進平)가 제주 방언을 간접 연구하는 데 그쳤다면, 석주명은 제주도 현지에서 직접 어휘를 수집하고 연구하였다는 데 그 가치가 크다. 석주명은 『제주도 방언집』의 내력을 서문에서 다음과 같이 밝히고 있다.

> 1943년 4월부터 1945년 5월까지 만 2년여를 필자는 제주도에서 생활할 기회를 가졌다. 경성제국대학부속생약연구소제주도시험장에서 근무하였는데, 전문하는 학문 외에 틈틈이 수집한 제주도 자료의 하나가 이것이고, 일본제국주의시대의 말기의 일이라 물론 노골적으로는 못하였으나, 소위 대학의 관리라고 해서 비교적 자유로운 몸이었든 관계로 능률을 내었다. 1945년 5월에 개성에 있는 본소로 전근할 때도 다행히 아모 손실이 없이 와서, 내면적으로 틈틈이 정리하다가 8월 15일 우리 민족이 해방되자, 먼저 우리말을 찾고서는, 곧 이것을 표면에 내놓고 정리에 분망하였다. 그리고 1947년 6월에 들어와서야 탈고하게 되었으니 이 일은 전후 5개년에 긍(亘)한 것이다.
>
> 이것을 완성하기에는 표준어를 비롯하여 지방어를 교시하여주신 여러 동무들의 도움을 많이 얻었는데, 책임을 분명케 하기 위하야 그곳마다 그 동무들의 존명을 기록하야 경의를 표하였다. 이제 여기서 감사의 뜻을 표하고 싶다.
>
> 여기서 본서의 내용에 대하여 조금 기록하고 싶다. 제1편 방언집의 내용인 어휘는 좀더 장기간을 허(許)하였다면 좀더 수집할 수가 있겠고, 이 제1편을 기초로 한 제2편 고찰은 어학자라면 좀 더 발전시켰을 것이다.

전문외(專門外)인 필자라도 공통방언을 %로 계산해보고도 싶었으나 자세한 것은 전문가에게 밀기로 하고 필자는 그 경향만 알 수 있는 것으로 만족하기로 하였다.

- 1947. 6. 25, 서울에서 지은이 씀

『제주도 방언집』은 제1편 제주도 방언집, 제2편 고찰, 제3편 수필 등으로 이뤄져 있다. 제1편 제주도 방언집은 사전이라기보다는 제주어 어휘집이자 제주어 연구서이다. 그리고 이 책은 곤충학자 석주명을 인문학자의 반열로 끌어올리고 있다.

그는 제주방언을 그에 해당하는 표준어와 연결시키고 있다. 이를테면 가시(도토리), 가시아방(장인), 가시어멍(장모), 간세다리(게으름장이), 곤밥(흰밥), 곱다(숨다), 니염(잇몸), 니껍(미끼), 대비(양발), 말치(큰솥), 물패기(살모사), 부구리(진드기), 부름시(심부름), 사오기(벚나무), 야게기(목), 작지(자갈), 주멩기(주머니), 찰리(자루) 등이다. 그는 제주어 7,000여 어휘를 수집하는 데 그치지 않고 그것들을 분석하여, 육지의 다른 지방의 방언과의 공통점을 찾고, 일부는 조선고어에서 그 유래를 찾기도 한다. 그는 제주어 가운데 340여 개가 우리의 고어(古語)에서 유래되었음을 밝히고, 오쿠라(小倉進平)의 주장을 인용하면서 제주어에 많은 고어와 '、'음이 남아 있어서 제주어는 우리말의 역사를 연구하는 데 가장 가치 있는 자료임을 강조한다.

그리고 곤충학에서 사용하는 방법인 지방 곤충상 상호간의 유연관계(類緣關係)를 숫자적으로 연구하는 것처럼 각 어휘 중에서 전라도,

경상도, 함경도, 평안도 등의 방언들과의 공통점을 뽑았다. 즉 나비분류학에 쓰이는 연구방법을 방언연구에 응용한 것이다. 그 결과 그는 제주어에는 전라도와 경상도 방언분자가 많이 들어와 있지만, 제주어 7,000여 어휘 가운데 전라도와 경상도 방언과 완전히 동일한 것은 각각 340개와 338개로 전체의 5%에 미치지 못하고 있다는 것을 보여준다. 제주방언이 그만큼 특이하다는 것이다. 그리고 그는 방언들 간의 공통어를 찾는 과정에서 각 지방에서의 방언사전의 필요성을 절감한다. 각 지방의 방언사전이 있으면, 제주어와 여러 방언들 간의 공통점을 찾는 데 수월했을 뿐만 아니라 보다 정확했을 것이라는 것이다.

그리고 그는 제주도, 전라도, 경상도, 함경도, 평안도의 방언과는 일치하지만 이른바 표준어와 다른 꼭감(곶감), 골미(골무), 괄쎄ᄒᆞ다(괄시하다), 기매키다(기막히다), 냄비(남비), 다문(단), 댕기다(다니다), 떠댕기다(떠다니다), 매끼다(맡기다), 뽐뿌(펌푸), 서답(빨래), 장ᄉᆞ꾼=장사꾼(장사아치), 쟁길잠(잠길잠), 절렴(전염), 질들다(길들다), ᄌᆞ취=자취(자췌), 춤(침), 패(파派) 등 18개 어휘를 제시하면서 이들은 서울 부근의 말이나 책에 나오는 말과 상이할 뿐이지, 그 분포상태로 보아서 단연 표준어로 편입시켜야 하고, 소위 표준어라고 하는 것들은 경기도방언으로 취급하는 게 타당하다고 주장한다. 수도권에서 쓰는 말만 표준어로 할 게 아니라 전국에서 널리 쓰는 말도 표준어가 되어야 한다는 그의 주장은 세계 보편언어로서의 국제어는 강대국의 언어가 아니라 중립어라야 한다는 주장과도 상통한다. 그리고 각 지역의 방언사전이 필요하고, 전국에서 널리 쓰이는 말은 서울말이 아니라도 표준어로 편입해야 한다는 그의 주장은 오늘날에도 여전히 설득력을 지닌다.

강영봉은 석주명이 '제주어'라는 명칭을 처음으로 사용하였고, 제주어를 남부어와 북부어로 구분하였으며, 제주어와 외국어를 비교한 것은 방언에 대한 그의 공로라고 본다. 석주명은 제주방언을 연구하면서 외국어(중국, 몽골, 만주, 일본)에서 유래한 어휘가 어떤 것인지를 탐색하고, 더 나아가 말레이어, 필리핀어, 베트남어 등과의 관계도 따지고 있다. 하지만 한낱 나비전문가였던 그가 제주방언 연구에 뛰어듦으로써 그 분야 전문가들이 보지 못한 것을 보는 참신성과 과감성을 발휘하기도 하지만 아마추어로서 한계를 보이기도 한다. 이를테면 공통조어(祖語)에서 분기되어 나온 경우에만 비교가능하다는 언어학의 기본원칙을 무시하고 제주어 어휘를 지나어(중국어), 일본어, 마래어(말레이어), 비도어(필리핀어), 안남어(베트남어) 등 외래어 어휘와 비교하거나 음운론적 · 형태론적 · 의미론적 대응 없이 단지 발음이나 뜻이 비슷하면 그 언어에서 유래되었다고 단정하는 것은 문제가 있다.(강영봉, 2012) 하지만 그러한 오류들이 그가 제주어 연구에 기여한 바를 넘어서지 못하며, 그의 오류를 바로 잡는 것은 후학들의 몫이다.

석주명은 제주방언을 분석하는 과정에서 『용비어천가』(1445), 『두시언해』(1481), 『훈몽자회』(1527), 『송강가사』(1747) 등의 우리의 고전들, 오쿠라(小倉進平)의 『조선어방언연구』(1944) 등의 일본학자들의 연구성과, 방종현, 이숭녕, 최현배 등 우리 학자들의 연구성과를 포함하여 88권의 문헌을 참고하였다. 이것은 이미 그가 국어학에서도 상당한 수준에 이르렀다는 것을 보여준다.

『제주도의 생명조사서-제주도 인구론』

이 책은 부제가 보여주듯이 제주도의 인구론이다. 그는 1944년 2월부터 1945년 4월까지 제주도의 인구조사를 실시하였다. 하지만 그에 대한 분석을 끝내고 완성된 책으로 나온 것은 그로부터 4년이 지난 1949년이다. 그 사이에 제주도는 제주 현대사에서 가장 참혹한 비극인 제주 4·3을 겪게 되고, 조사대상이었던 중산간 마을들은 폐허가 되고 만다. 1948년 11월부터 이뤄진 중산간마을 초토화작전은 비극적인 사태를 초래하였다. 강경 진압작전으로 제주도 중산간마을 95% 이상이 불타 없어졌고 수많은 인명이 희생됐다. 제주 4·3으로 가옥 4만 동 정도 소각되었는데, 대부분 이때 방화되었다. 그렇기 때문에 석주명은 이 책은 서문에서 출판과 동시에 고전이 되었다고 자평하고 있다.

> 이 연구에 착수한 것은 1944년 2월이니 지금으로부터 꼭 만 5년 전이였다. 이 5년이란 세월은 지구 위에서 일어난 인간생활에 있어서의 가장

큰 변동을 포함하여서 그 영향은 우리 제주도에도 미쳤다는 것보다 제주도에야말로 예기치 못하였던 큰 영향을 미쳤고 현재도 그 안정성을 찾기에는 까마득하다. 지금의 제주도의 형편은 해안 일주도로 이상부(以上部)의 인가가 모두 폐허로 되었다니 이 책에서 다뤄진 토평리, 교래리, 송당리, 성읍리, 오라리, 명월리, 의귀리, 토산리의 반쪽 제1구, 저지리 등 8.5부락의 기록은 벌써 역사적 기록으로 되고 만다. 뿐만 아니라 거기 따라 해안부락의 인구동태도 격변했으니 이 책은 출판과 동시에 고전으로 되어서 더욱 의의가 있다. …

- 1949. 2. 19 서울에서

〈표 3〉『제주도의 생명조사서』 연구 일정표(1949a)

조사한 곳	조사기간	분석일	분석한 곳
토평리	1944. 2. 7. ~ 25.	1944. 3. 12.	토평리
법환리	1944. 4. 15. ~ 18.	1944. 4. 30.	토평리
신하효리	1944. 7. 4. ~ 17.	1944. 7. 23.	토평리
함덕리	1944. 10. 26. ~ 30.	1944. 11. 19.	토평리
교래리	1944. 10. 31 ~ 11. 1.	1944. 11. 19.	토평리
상도리	1945. 1. 29. ~ 30.	1945. 2. 15.	토평리
송당리	1945. 1. 31. ~ 2. 1.	1945. 2. 17.	토평리
성읍리	1945. 2. 3. ~ 4.	1945. 2. 19.	토평리
오라리	1945. 2. 24. ~ 25.	1945. 3. 8.	토평리
명월리	1945. 2. 27. ~ 3. 2.	1945. 3. 21.	토평리
대정(3개리)	1945. 3. 13. ~ 14.	1945. 4. 8.	토평리
화순리	1945. 3. 14. ~ 16.	1945. 5. 31.	개성
의귀리	1945. 3. 27. ~ 28.	1945. 6. 1.	개성

토산리	1945. 3. 28. ~ 29.	1945. 6. 2.	개성
저지리	1945. 4. 3. ~ 4.	1945. 6. 8.	개성
용수리	1945. 4. 4. ~ 5.	1945. 6. 9.	개성
총괄		1945. 7. 18.	개성

그는 제주도 인구 특징을 확인하기 위하여 제주의 문화적 측면을 고려하면서 제주도 전체의 모습을 반영할 수 있도록 조사대상 마을을 선정하였다. 즉 인구이동이 심하지 않고 외래풍이 많이 수입되지 않은 마을 가운데 산남과 산북, 동부와 서부, 해안과 내륙 어느 한 쪽에 치우치지 않도록 9개면 16개 마을을 선정하였다.

그는 제주도가 잡혼, 재혼, 중혼 등이 많아서 자녀를 출산한 상황을 여자로부터 자세하게 듣는다는 게 어렵다는 문화적 상황을 고려해서 보다 진실에 가까운 인구실태를 파악하기 위해 부(父) 또는 부(父)였던 사람에게 조사표 1매씩을 배당하여 그로부터 생겨난 자녀 전부를 수록하였다. 『제주도의 생명조사서』는 제주도의 해안마을과 중산간마을을 골고루 추출한 16개 마을을 대상으로 조사한 자료이기 때문에, 당시의 인구의 실상을 파악하는 데 중요한 단서를 제공해준다.

그는 나비를 측정하고 통계내고 분류하는 과정에서 터득한 나비분류학의 방법을 제주어 연구에서와 마찬가지로 인구조사에서도 응용하였다. 다만 제주어의 유래와 분포 등을 언어들 간의 유연관계를 가지고 규명했다면, 인구조사에서는 주로 통계학적 방법을 가지고 규명했다는 점에서 차이가 있다. 그는 수십만의 나비를 하나하나 측정하고 통계내어 분류했던 것처럼, 제주도의 마을별, 나이별, 성별, 생사(生死)

별, 거주지별 등의 인원수를 일일이 조사하여 통계내고, 이를 바탕으로 제주도 전체 인구의 특징과 그것의 자연 및 사회 환경 등의 원인을 추리함으로써 당시 제주사회의 실태를 규명하였다. 그는 인구조사를 하면서 나비연구에서 사용하던 측정, 통계, 분류, 분석 방법 등을 차용하고 있는데, 이는 호랑나비의 앞날개 길이 측정표와 16개 마을 총계의 인구구성표를 비교해보면 한눈에 알 수 있다. 그는 나비연구에서는 봄형과 여름형, 암수의 구분에 따라 측정하고 통계를 내었지만, 인구조사의 경우는 남녀별, 연령별, 마을별, 생사별, 현지 거주자와 타지 출가자 등에 따른 다양한 비교 분석을 통해 제주사회의 문화적 · 환경적 특성들을 추론하고 있다.

그리고 그는 특이한 육아기록도 남겼는데, 토평리에 74세 노인이 한 명의 부인으로부터 15명의 자식을 둔 경우, 함덕리에 44세 남자가 네 명의 부인으로부터 19명의 자녀를 둔 경우가 있고, 육아성적이 좋은 기록은 용수리에 11명의 자녀를 전부 잘 키운 경우가 있고, 최악의 경우는 함덕리 74세 노인이 13자녀를 출산하여 전부 실패한 경우가 있다고 보고하고 있다.

우리는 『제주도의 생명조사서』를 통해 일제강점기 말기의 제주사회를 다음과 같이 이해할 수 있다. 첫째, 16개 마을 호수(4,689)와 결혼하여 아이를 낳은 남자 수(4,851)를 비교했을 때, 거의 비슷한 걸로 보아 제주도에서는 남자들이 결혼하여 자식을 두게 되면 대부분 세대를 분리한다는 것을 알 수 있다. 다시 말해서 제주도에서는 결혼하게 되면 부모와 자식은 철저하게 분가한다는 것을 실증적으로 보여주는 자료이다.

둘째, 여다(女多)의 섬으로 알려진 제주도 인구의 연령대별 성별 인구변동의 추이를 보면, 16개 마을 전체 평균으로 볼 때 산아(産兒)의 성비는 52:48로 남자가 많으나 출가자를 포함한 마을주민의 성비는 48:52로 역전되어 여자가 많았다. 그리고 출산된 자녀의 70퍼센트가 주민(출가자 포함)을 구성하고 30퍼센트는 사망하는데, 사망비율은 16:14로 남자가 여자보다 높다. 이는 제주도에 여자가 많은 가장 큰 원인은 남자가 많이 죽기 때문이라는 것을 잘 보여주는 것이다.

셋째, 일제강점기 말기에 제주도에 거주하는 16세 이상의 남녀의 비율은 4 대 6 정도로 여자가 월등히 많아서 남자의 1.5배나 되었다. 석주명은 이처럼 여자가 월등히 많아지는 것은 출가(出稼)가 주원인이고, 출가자가 그처럼 많은 것은 자연이 그만큼 척박한 때문이고, 제주도 여자가 노동을 많이 할 수밖에 없는 이유도 자연이 척박하고 남자가 출어(出漁)를 하기 때문으로 진단한다.

넷째, 결혼한 한 남성은 평균적으로 6.2명의 자녀를 낳고, 그 가운데 30퍼센트가 사망하여 가구당 5.4인 가족을 이루고 있다. 그는 당시에 유아기에는 소화기병과 호흡기병, 청년기에는 폐결핵으로 사망한 경우가 많았는데, 이는 바람 많고, 식수가 부족하고, 온난한 기후 등 제주의 자연환경 때문이라고 진단하고 있다.

종합하자면 제주도 전체적으로 볼 때, 남자가 더 많이 태어나고, 15세 이하의 유년기까지는 남자가 많다. 하지만 남자 사망률이 높아지면서 남녀 성비가 역전되고, 16세 이후가 되면 남자들이 외지로 많이 빠져나가고 되어 여자 활동인구가 많아져서 여다(女多) 현상이 나타난다. 한편 석주명은 정부수립 후 다른 곳에서 조선시대, 일제강점기, 해방이후 자료 등을 인용하면서 제주 4·3 이전에도 제주도는 여다(女多)의 섬이었지만, 제주 4·3으로 성인 남자들이 많이 희생됨으로써 여자가 많은 섬으로 더욱더 굳어졌다는 것을 보여준다.

『제주도의 생명조사서』는 제주 4·3 이전에 16개 마을을 전수조사한 것이기 때문에 사료적 가치가 크며, 제주 4·3으로 인한 피해의 정도를 가늠할 수 있게 해준다. 『제주도의 생명조사서』와 2015년 정부에서 공식 확정한 4·3희생자명단을 비교해보면 제주 4·3의 피해가 얼마나 심각한지 짐작할 수 있다.

〈표 4〉『제주도의 생명조사서』를 통해서 본 제주 4·3 피해

조사한 곳	『제주도의 생명조사서』		2015년 확정 4·3희생자수	희생자수/호수
	호수	인구수 (현주자+외주자)		
토평리	360	1645 + 80	93	0.26
법환리	430	1963 + 234	18	0.04
신하효리	530	2678 + 249	79	0.15
함덕리	800	3671 + 326	275	0.34
교래리	55	304 + 13	80	1.45
상도리	130	657 + 59	51	0.39
송당리	220	1139 + 86	86	0.39
성읍리	251	1113 + 73	76	0.30
오라리	267	1451 + 104	245	0.92

명월리	420	1973 + 184	137	0.33
대정(3개리)	225	1417 + 117	94	0.42
화순리	303	1483 + 127	27	0.09
의귀리	188	963 + 102	251	1.34
토산리	160	793 + 70	162	1.01
저지리	190	869 + 65	116	0.61
용수리	160	852 + 76	19	0.12
총괄	4,689	22,971+1,965	1,809	0.39

물론 석주명의 인구조사가 1945년 4월에 끝났고, 그해 8월 해방이 되면서 일본에 나가 있던 사람들이 상당수 들어왔으며, 제주 4·3 당시 실제로 희생된 사람이 정부에서 공식 확정한 희생자 수보다 더 많다는 것을 감안한다면, 위의 두 자료만 가지고 제주 4·3으로 인한 피해를 정확히 유추하는 데는 한계가 있다.

그러나 〈표4〉에서 공식 확인된 마을별 희생자만을 비교해보더라도, 즉 16개 전체 마을 희생자 수(1,809명)/호수(4,689호)인 것을 감안하면 평균적으로 세 집에 한 명 이상 희생되었고, 중산간마을에서는 평균 두 집에 한 명 꼴로 희생되었으며, 특히 토산리, 의귀리, 교래리 등에서는 온 가족이 몰살당한 경우도 적지 않았음을 확인할 수 있다.

그리고 그는 제주 4·3으로 제주도민이 많이 희생된 이후인 1949년 5월 실시한 대한민국 제1회 인구조사 자료를 분석하면서 제주도에는 여자가 남자보다 20% 이상 더 많다고 밝히고 있다. 특히 조천면은 남자보다 여자가 40% 더 많고, 구좌면은 35% 더 많은데, 이 두 곳은 일제강점기 때부터 사상적으로 격렬한 곳으로 제주 4·3을 겪으면서 남자들이 많이 희생되었기 때문이라고 추정하고 있다.

『제주도 문헌집』

이 책은 석주명 자신이 읽었던 논저를 가운데 제주도와 관련되거나 제주도에 대해서 언급한 총 1,096종의 문헌을 수록한 것이다. 그러나 이 책은 단순히 문헌제목만 적어놓은 게 아니라, 논저들을 서지학적으로 배열한 것이다. 이 책은 '제주도에 대한 연구', 즉 '제주학'을 위한 1, 2차 문헌들을 분류하고 그에 대한 자신의 입장을 정리한 것으로서 제주학을 위한 필수 자료이다.

석주명은 『제주도 문헌집』에서 자신을 분명히 제주도학 연구자로 명시하고 있다. 그는 제주도의 가치를 알고, 제주도만을 전문적으로 연구할 필요성을 깨닫고 '제주도학'이라는 용어를 처음으로 도입했다. 우리는 여기서 석주명이 단순히 필드의 수집가가 아니라 제주도와 관련해서 양과 질에서 풍성하면서도 다양한 연구를 했다는 것을 확인할 수 있다.

『제주도 문헌집』은 저자명 순, 내용 순, 주요 문헌 연대기 순, 서평,

총괄 등 총 5장으로 이뤄져 있다. '저자명순'에서는 우리나라 저자들은 가나다 순으로, 일본인 저자들은 アイウ 순으로, 서양인 저자들은 abc 순으로 문헌들을 정리하고 있어서 저자의 이름만 알면 쉽게 관련 자료들을 찾을 수 있도록 하였다.

'내용순'은 다시 총론부, 자연부, 인문부로 나뉘는데, 총론부는 제주도와 관련해서 총론적인 성격의 문헌들을 수록하고 있다. 자연부는 다시, 기상, 해양, 지질광물, 식물, 동물, 곤충 등 제주도의 자연을 6개 분야 총 433편을 다루고 있다. 여기서 곤충 부분을 따로 분류한 것은 석주명 자신이 곤충학자이기에 가능했던 것이다. 우리는 여기서 그가 자연과학 전반에 대해서 폭넓은 지식을 지니고 있음을 확인할 수 있다. 인문부에서는 다시, 언어, 역사, 민속, 지리, 농업, 기타 산업, 정치 · 행정, 사회, 위생, 교육 · 종교 등 총 11개 분야 총 599편을 다루고 있는데, 우리는 여기서 석주명이 제주도의 인문사회 분야에 대해서도 광범위한 관심과 해박한 지식을 가지고 있음을 알 수 있다. 그는 제주도와 관련해서 거의 모든 분야에 관심을 가지고 자료를 모으고 연구하였던 것이다.

'주요 문헌 연대기순', '서평', '총괄' 등의 부분은 『제주도 문헌집』이 단순한 문헌목록집이 아니라는 것을 보여준다. 석주명은 '제3장 주요 문헌 연대기순'에서 제주도 연구에서 반드시 필요한 제주도 관계의 단행본(◎) 26권, 제주도 관계의 논문(○) 121편, 제주도를 논급(論及)한 단행본(⊗) 10권, 제주도를 논급한 논문(×) 26편을 등 183편만을 추출하여, 각각 ◎, ○, ⊗, × 등으로 표기하여 놓음으로써 제주학 연구자들이 제주학 관련 주요 문헌들을 쉽게 찾아볼 수 있게 하였다.

'서평'에서는 제주도 관계문헌 가운데 27권의 문헌들에 대해 간단하게 평하고 있다. 이를테면 고정종의 『제주도요람, 1930』의 경우 "내용이 비교적으로 충실하여 훌륭한 책이다." 김두봉의 『제주도실기, 탐라지보유, 1932, 1934, 1936』의 경우 "2편을 합친 책인데 중판하면서 추보(追補)하였다. 7,000부나 소화되었다고 하나 그 내용으로 보아 추천할 수 없는 책이다." 스기야먀(杉山行一)의 『제주도요람, 1942』의 경우 "저자 자신이 경영하는 관광안내소의 선정용으로 인쇄한 것이지만 잠시 오는 관광자에게는 편리한 팸플릿이다." 등으로 한두 줄로 간략하게 해제해놓고 있다.

그는 '총괄'에서 제주도에 관한 주요 논저자들에 대해 평가하고 있는데, 그중 일부를 보면 다음과 같다.

> 66편의 논저를 발표한 나카이(中井猛之進)는 '조선식물'을 테마로 한 세계적 식물 분류학자로 조선문화에 가장 큰 공헌을 한 사람 중 하나이다.
>
> 47편의 석주명은 '조선산접(朝鮮產蝶)'을 전공하나 '제주도'가 그의 연구테마의 또 하나이다.
>
> 43편의 젠쇼(善生永助)는 '사회학'을 전공하는 구 조선총독부의 어용학자였다.
>
> 31편의 모리(森爲三)는 '조선의 동식물'을 조사한 공로자의 한 사람으로 그 업적에 조루성(粗漏性)은 있으나 전형적인 고등학교 정도의 교수로 일본국가의 난숙성(爛熟性)을 표시하는 인물이었다.

> 30편의 오쿠라(小倉進平)는 '조선방언'을 테마로 한 세계적 언어학자로 조선문화에 공헌한 바 가장 큰 사람이라 할 수 있다. …(1949b)

그는 그들을 논저 편수만을 가지고 따지지 않고, 제주도 연구에 공헌한 정도를 다시 질적으로 평가하고 있다. 학자들에 대한 평가는 그 당시 시대적 한계를 지닐 수밖에 없지만, 우리는 여기서 당대의 학자들을 바라보는 석주명의 관점을 엿볼 수 있다. 그리고 그는 스스로 제주도 연구, 즉 제주학의 독보적 존재임을 자부하고 있다.

〈표 5〉 제주도 연구에 공헌한 주요 학자들(1949b)

	제주 관계 단행본	제주 관계 논문	제주 논급 단행본	제주 논급 논문	계
石宙明	3	11	-	-	14
原口九萬	1	11	-	-	12
森爲三	-	12	-	-	12
中井猛之進	-	9	-	-	9
秋葉隆	-	2	1	2	5

그리고 『제주도 문헌집』 말미에 있는 〈추가분〉에서 그동안 빠뜨린 문헌 일부와 출판 직전에 나온 최신의 논저 22편을 추가하는 것으로 볼 때, 그의 지적 성실성을 엿볼 수 있다. 그의 『제주도 문헌집』이 앞으로 제주학 관련 논저목록을 작성하는 경우에 필수 참고서가 될 것이다.

『제주도 수필-제주도의 자연과 인문』

이 책은 1949년 5월에 탈고하여 1950년 6월에 이미 교정 완료된 상태였으나 한국전쟁으로 석주명 생전에 나오지 못하다가 그의 회갑을 기념하여 1968년 11월에야 그의 발간된 첫 유고집이다. 이 책은 작은 제주백과사전이라 할 만하며, 서문(序), '오돌똑(오돌또기)' 악보와 가사, 총론, 자연, 인문 등으로 나뉘고 있다.

'총론'에서는 제주도의 과거와 현재 모습을 이야기하고 있다. 우선 한반도(육지부)에는 있지만 제주섬에는 없는 당시 풍경으로 까치와 포플러를 들면서 "까치는 까마귀가 많은 이 섬에 부적(不適)할 것이다." 라고 진단하고 있다. 하지만 1989년 제주도에 인위적으로 46마리의 까치를 들여옴으로써 지금은 까치가 급증하여 제주도 고유 생태계를 심각하게 위협하고 있다. 그리고 그는 육지부에는 없고 제주섬에만 있는 문화로 파종한 후에 말을 이용하여 밭 밟는 것과 해녀를 들고 있다. 하지만 제주도가 한반도의 다른 지역과 다르기는 해도 동식물의 성립

분자를 놓고 볼 때 일본보다 한반도의 분자가 많을 뿐만 아니라 중요 분자의 대부분이 한반도와 공통되어 생물학상으로 한국의 부속섬이라는 것을 분명히 하고 있다.

그는 1295년, 1580년, 1771년, 1880년 등의 우리의 옛 자료와 일본 학자들의 연구자료들을 통해 제주도의 (특)산물들을 보여주면서, 300여 개의 오름, 비자림, 김녕굴, 제주도특산 동식물 등은 세계 제일이고, 감귤원, 돌, 비바람, 여자, 소, 말, 고사리, 까마귀, 진드기, 자생아열대 식물, 해녀, 장수자 등은 한국 제일이라 보고 있다.

그는 제주도의 삼다(三多)와 삼무(三無)에 대해서 얘기하고 있다. 하지만 그의 삼다(三多)는 세간에 알려진 삼다와는 다르다. 세간에서는 제주도에 돌, 바람, 여자가 많아서 삼다라 하지만, 석주명은 돌, 바람, 비가 많아서 삼다라 하고 있다. 그는 제주도 인구를 조사해보니 제주도에 여자가 많은 것은 사실이지만 삼다로 불릴 정도로 특징적이진 않다는 입장을 취하고 있다. 그는 제주도의 특징을 '돌, 바람, 비'라는 무기적 자연에서 찾고, '말, 여자, 까마귀' 등과 같이 유기체들을 다음 순위로 넣은 것으로 보인다. 그는 제주도의 사다(四多)와 팔다(八多)에 대해서도 이야기하고 있다. 그는 삼다(三多)인 돌, 바람, 비 이외에 말[馬] 또는 여자가 많아서 사다(四多), 거기에 까마귀, 진드기, 고사리를 추가해서 팔다(八多)라 하고 있다. 그리고 그는 제주도의 삼무(三無)를 이야기하면서 대문, 거지, 도둑이 없지만, 육지식 대문이 없을 뿐, 도로에서 집으로 들어가는 길, 즉 '올래'가 있고 좌우에 석판(石板) 혹은 목판(木板)을 세우고 '정목'이라는 막대를 삽입하는 제주식 대문인 '쌀

오돌똑歌辭

二、한라산 허리엔 씰안개 본송만송
아지마님 품안엔 잠이나 든송만송

(후렴) 둥구데 당실 둥구데 당실 여도당실
연자머리로 달도 밝은데 내가 머리로 갈거나

三、청사초롱에 불밝혀 놓고
춘향의 방으로 잠수질 하려나나 갈거나

四、가며는 가고 말며는 말지
짧세기를 심고서 씨집살이를 갈거나

〈本書二三七面 參照〉

『제주도 수필』에 실린 석주명이 채록 채보한 제주민요 〈오돌똑〉

문', '살채기' 혹은 '이문'이 있다고 한다.

최근 제주도에서는 '제주다움'과 '제주적인 것'을 찾으려 하고 있다. 석주명은 육지에는 있고 제주도에는 없는 것과 육지에는 없고 제주도에만 있는 것 등을 통해서 제주다움을 찾고, 제주도에 있는 것들 가운데서 세계 제일과 한국 제일인 것을 통해서 가장 제주적인 것을 찾는다. 제주적인 것은 한반도의 다른 지역뿐만 아니라 다른 나라의 것들과 비교를 통해서 드러난다. 그는 나비연구를 통해서 나비마다 지역적 분포가 다르다는 것을 알았고, 자연과 문화도 지역마다 다르다는 것을 깨닫고 제주적인 것(또는 제주다움)의 가치를 찾으려고 시도하였다.

'자연'에서는 제주도의 기상, 해양, 지질 · 광물, 식물, 동물(곤충제외), 곤충 등의 분야를 각각 사전식으로 분류하고 있다. 석주명은 여기서 제주자연의 전 분야에 걸쳐 자신이 보고, 듣고, 읽고, 직접 연구한 것들을 각각의 분야에서 간략하게 정리하고 있다. 즉 제주도 자연을 잘 드러낼 수 있는 것들 가운데 그의 관점에서 중요하거나 특이하다고 인정되는 것을 정리하고 있다. 그는 제주도의 자연을 이해하기 위해 선행연구자들의 문헌들을 꼼꼼히 서로 비교해가면서 읽었고, 아직 밝혀지지 않은 것들에 대해서는 자신이 직접 관심을 가지고 연구했다.

'인문'에서는 제주의 전설 · 종족, 방언, 역사, 외국인과의 관계, 관계인물, 민속, 의식주, 일상생활, 지리, 도읍 · 촌락, 산악, 도서, 지도, 교통 · 통신, 농업, 임업, 축산, 수산, 기타산업, 정치 · 행정, 사회, 인구 · 특수부락, 위생, 교육 · 종교, 문화 등으로 나뉜다. 이 책 전체를 놓고 볼 때 '자연' 분량에 비해, '인문' 분량이 훨씬 많다. 그리고 '자연' 분야에서는 선행연구자들, 특히 일본학자들의 성과를 많이 인용하였으나, '인문' 분야에서는 주로 석주명 자신이 직접 원자료를 읽고 연구한 것을 바탕으로 하고 있다는 점에서 차이가 있다. 그 점에서 그는 제주도와 관련해서는 인문사회학자라 할 수 있다.

석주명은 언어, 풍속, 문화 등에서 한반도(육지부)의 다른 지역에서는 찾기 힘든 '제주다움'과 '제주적인 것'을 찾지만, 그것들 가운데 다른 지역이나 다른 나라의 것들과 공통적인 요소들을 찾는 것을 게을리하지 않는다. 그는 제주도와 멀리 떨어진 평안도와의 공통점으로 언어, 여자들의 옷, 돗통시, 소의 거세, 밥 짓는 법(좁쌀을 백미 넣은 후 끓이면서 넣는 것) 등을 든다. 그리고 일본과의 공통점으로 바느질하는 법, 아이 업는 법, 여자가 짐을 머리에 이지 않는 것, 여자가 내외(內外) 않는 것, 부엌에 솥을 걸되 온돌에 붙이지 않고 돌로 딴 솥덕을 만드는 것, 휘파람 부는 습관 등이 있고, 몽고와의 공통점으로 모자, 의복, 신에 모피를 사용하는 것, 말을 많이 키우고 말을 잘 모는 것, 말똥을 연료로 사용하는 것, 우마견(牛馬犬)의 귀를 절단하는 것, 바람으로 선곡(選穀)하는 것, 애기구덕 등이 있다. 이는 제주도의 언어, 풍속, 문화 등에서 제주적인 것이라 생각되는 것들 가운데는 우리의 옛것이거나 몽고나 일본 등 외부로부터 들어온 것도 있을 수 있다는 것을 의미한다.

석주명은 돗통시가 제주도의 독특한 것이 아니라는 것을 분명히 하고 있다. "인분을 돼지 사료의 일부로 사용하는 것이 제주도 독특의 것은 아니다. … 이제 이 변소 겸 돈사의 분포상태를 살펴보면 제주도 외에 다음과 같이 밝혀졌다. 한반도에서는 북으로부터 회령, 양구, 통영, 거창, 합천, 광양의 여러 지방, 중국 내몽고 서부, 산동성 전부, 산서성 동·중부, 만주 용정, 오키나와, 필리핀 전역 등이다." 이처럼 돗통시가 세계적으로 보편적인 것이라면, 우리나라에서 돗통시가 제주적인 것으로 알려진 계기가 무엇이고, 제주도의 돗통시가 다른 지역의 돗통시와 어떻게 다른지를 규명하는 것도 필요하다.

그는 제주도 사람들이 자랑하는 것도 전국적으로 보았을 땐 그리 대수롭지 않을 수도 있다는 평가를 내린다. 즉 (외지인의 관점에서) 그는 제주인들이 자랑하는 영주십경에 대해서 "명승으로 영주십이경이라고 소개된 것이 있으나 전국적으로 볼 때 하나도 신통할 것이 없다. 다만 제주도가 남해의 외딴 섬이요 높은 산이니 그 섬 자체 즉 한라산이 재미있는 존재라고 할 수 있다."고 평하고 있고, 백록담에 대해서는 "한국 남단에 있는 한라산정의 화구호여서 북단의 백두산 천지와 더불어 옛날부터 전설로 풍경으로 선전되는 것은 당연한 일이다. 그러나 백두산 천지와는 비교될 바가 못 되고, 수심이 상당하다고 선전되어 있지만 가뭄이 계속될 때는 고갈하는 정도이니 대수롭지 않다. 녹담만설(鹿潭晩雪, 한라산 정상부근에 늦게까지 쌓여 있는 눈)이라고 영주십이경 혹은 제주십경에 끼워 제주도에서는 자랑할 만하다고 하겠지만 전국적으로 볼 때는 문제가 안 될 것이다."라고 평하고 있다.

제주인들이 자랑하고 싶은 것과 외지인들이 제주도에서 보고 특이하다고 느끼는 것 사이에는 상당한 차이가 있을 수 있다. 그리고 제주인과 외지인들이 생각하는 '제주다움' 내지는 '제주적인 것'은 서로 다를 수가 있다. 석주명은 자연과학도이자 외지인으로서, 그리고 제주도를 아끼는 반(半)제주인으로서 제주도의 자연과 문화를 좀 더 객관적으로 보면서 그것을 바탕으로 '제주다움'과 제주도의 가치를 찾으려고 하였다.

『제주도 곤충상』

이 책은 1950년 6월에 편집이 완료되었지만 한국전쟁으로 출간되지 못하고, 20년이 지난 1970년 8월에야 유고집으로 출간되었다. 이 책은 곤충학자이자 제주학자인 석주명이 할 수 있는 최선의 것으로, 연구사, 총목록, 총괄 등으로 이뤄져 있다.

'연구사'에서는 제주도 곤충과 관련된 논저 106편을 연대순으로 배열하고, 각각에 대한 간략한 해제를 덧붙이고 있다. 이를테면 1847년 제주도산으로 홍단딱정벌레 신종을 발표한 테이텀(Tatum T.)의 논문에서부터 1950년 제주도산 모라빗왕버섯벌레와 노랑줄왕버섯벌레의 2종을 다룬 아라키(荒木東次)의 논문에 이르기까지 제주도 곤충과 관련된 논저에서 다뤄진 내용과 체재, 특히 거기에서 발표된 제주도산 곤충종들에 대해서 설명하고 있다. 그는 1장의 말미에 연대별 편수, 국적별 편수, 저자별 편수 등을 분석해놓았다. 여기에서 석주명 22편, 무라야마(村山釀造)의 13편, 조복성 8편 등 주요 곤충학자들의 성과를 제시하면서 제주도 곤충과 관련해서 단연 자신이 독보적 존재임을 드러내고 있다.

'총목록'에서는 제주도산 곤충 19목 141과 737종에 대해서 등장하는 출처, 즉 학술지, 보고서, 곤충도감 등에 대해 상세히 밝히고 있어 후학들에게 검증의 기회를 주고 있다. 그리고 그는 총목록 첫머리에서 다음을 밝히고 있다.

> 1. 본 목록은 1950년 현재로 졸저 제주도 총서 제3『제주도 문헌집』 중 <곤충부>에 수록된 문헌을 기본으로 삼아 편한 것이다. <곤충부>는 비교적 완전한 줄 알았더니 역시 빠진 것이 적지 않아서 이는 개정시에 증보코저 한다.
>
> 2. 배열은 에사키(江崎悌三) 박사의『일본곤충도감』(1932) 곤충강 분류표에 준하였고, 과(科) 이하는 모두 학명의 알파벳 순으로 하였다.
>
> 3. 나비 종류만은 편자의 전문인 관계도 있어서, 지금 현재로는 완전히 정리하였지만 기타 부분에서는 각 저자의 의견에 맹종한 데가 많다.
>
> 4. 오카모토(岡本半次郎) 박사의 대저『제주도 곤충상』(1924)은 편자 전문인 나비를 통해서 볼 때 의심스런 데가 많아서 전체로 믿기 어려운 저서이다. <나비부>만은 편자의 입장에서 대략 취사선택하였지만 기타 부분은 거의 그대로 포섭하였는데, 전문외인 편자의 입장에서 보더라도 기타 부분의 것에도 많은 오류가 있음을 짐작하겠으니, 금후 적당한 인사가 나타나서 본편을 기본으로 하여 다시 정리하여야 하겠다. …. (1970)

제주왕나비(왕나비)

이처럼 석주명은 자신의 기록에 대한 출처와 그 한계들을 분명히 밝히고 있다. 그리고 '총괄'에서는 제주도곤충 19목(目) 141과(科)의 한국명, 학명(라틴어), 각 과(科)에 대한 737종(種)의 수를 기록하고 있다. 그 가운데 나비목(目)은 30과 255종으로 전체 곤충의 3분의 1에 이르며, 특히 그 가운데 나방을 제외한 제주도의 나비는 7과 73종이다.

석주명은 제주도의 나비들 73종 가운데 제주를 대표하는 나비로 '제주왕나비(*Danaus tytia/Parantica* sita)'를 꼽으며, 『한국산 접류 분포도』의 첫머리에 자리매김하였다. 정세호(1999)와 김용식(2002)에 따르면, '제주왕나비'는 제주도에서는 1년에 3회, 내륙에서는 2회 발생한다. 제주도에서 발생한 제1화 개체들이 태풍과 같은 기상으로 인하여 태백산맥을 따라 내륙지방으로 이동한다. 그러나 후에 학자들은 '제주왕나비'가 태백산맥에서도 발견된다는 이유로 '제주왕나비'를 '왕나비'로 바꿔놓았다.

석주명은 『제주도 곤충상』에서 나비목(目) 부분만 상세할 뿐 나머지는 그렇지 못하다는 것을 밝히고 있다. 그의 부족한 부분을 메우고, 그가 미처 발견하지 못해서 생긴 오류들을 바로 잡아서 『제주도 곤충상』에 대해 보다 정확하고 상세한 연구를 하는 것은 후학들의 과제이다.

『제주도 자료집』

이 책은 제주도 총서의 마지막 권으로 잡지에 기고했던 제주도와 관련된 글을 모은 것으로 1950년 6월 탈고되었지만 1971년 9월에야 유고집으로 발행되었다. 이 책은 34편의 글과 석주명 자신의 업적목록으로 이뤄져 있다. 이 책은 대부분은 제주어와 관련된 글들로 『제주도 방언집』의 자매편이라 할 만하다. 그는 이 책의 첫머리에 실린 '한국의 자태'에서 제주도에는 언어, 풍속, 관습을 자세히 살펴보면 한국의 옛날 모습 내지 진정한 모습을 말해주는 자료가 많은데, 해방 이후에 육지문화가 들어오면서 제주다움이 사라지고 있기 때문에, 하루바삐 귀중한 제주도의 자료를 수집하도 연구해야 한다고 역설하고 있다. 우리는 그 글을 통해 석주명이 왜 그토록 제주도 연구에 몰두했는가를 알 수 있다. 그리고 제주 4·3으로 제주도의 자연과 공동체가 철저하게 파괴됨으로써, 그가 해방 직전에 행했던 제주도 연구가 얼마나 소중한지를 잘 보여주고 있다.

그는 "제주도 지명을 포함한 동식물명"에서는 학명, 한국명, 한자명 등에서 제주, 제주도, 탐라, 영주, 한라산 등이 포함된 동식물명, 이를테면 섬오갈피나무, 영주치자, 제주방풍, 한라부추, 제주오목눈이, 제주왕나비, 제주오색딱다구리, 제주딱정벌레 등 140여 개를 제시함으로써 생명종 다양성 측면에서 제주도의 생물학적 가치가 매우 크다는 것을 보여주고 있다. 그리고 이 책에서는 농민으로부터 직접 듣고 수집 제주도의 식물명 550여 개, 동물명 330여 개, 농업 관련 550여 개, 임업 관련 90여 개, 목축 관련 300여 개, 어업 관련 110개 등의 제주방언을 수집하여 남겼다.

이를테면 제주어 식물명으로는 가마귀바농(도깨비바늘), 고냉이풀(괭이밥), 배염고장/소입(봉선화), 개똥낭(누리장나무), 개자리(벌노랑이), 똥고리낭/독고리낭/새비낭(찔레나무), 몰모작쿨(쇠무릅), 소윙이(엉겅퀴), 사오기(벚나무), 전기꽃(진달래), 종낭(때죽나무) 등이 있고, 동물명으로 게우리(지렁이), 게염지(개미), 두메기 (풍뎅이), 더렁쇠(장수풍뎅이), 부구리(진드기), 멩마구리(맹꽁이), 장쿨애비(도마뱀), 남도래기(딱따구리) 등이 있으며, 농업 관련 제주어로는 가멩이(가마니), 갈래죽(삽), ᄀ래(맷돌), 놉(품), 마친다(장마진다), ᄉ키(푸성귀), ᄉᆞᆯ노리 (쌀보리) 등이 있다.

이 밖에도 그는 한자의 음과 훈에서 표준어와 다른 제주어 200여 개를 수집해놓았다. 이를테면 표준어 '만물 물(物)'을 제주어로는 '것 물(物)', '도읍 도(都)'를 '골 도(都)', '가로 왈(曰)'을 'ᄀ를 왈(曰)', '고무래 정(丁)'을 '곰배 정(丁)', '겨레 척(戚)'을 '궨당 척(戚)', '하여금 사(使)'

를 '부릴 수(使)', '많을 다(多)'를 '할 다(多)' 등과 같이 달리 읽는다. 그리고 지금은 한자어로 뒤바뀐 190여 개 마을이름, 이를테면, 눈미(조천읍 와산), 뒷개(조천읍 북촌), 무주에(구좌읍 월정), 가는곶(구좌읍 세화), 옥기(남원읍 의귀), 큰개(서귀포시 대포), 도래물(서귀포시 회수), 돋드르(서귀포시 토평), 날레(대정읍 일과), 논깍(대정읍 신도리 수전미), 구석밭(대정읍 구억), 널개(한림읍 판포), 한수풀(한림), 어름비(애월읍 어음), 장밭(애월읍 장전) 등도 귀중한 자료가 되고 있다.

한편 제주어의 기원을 밝히기 위해 고어(古語)와 외국어(몽고어, 일본어, 중국어, 말레이어, 만주어, 필리핀어, 베트남어 등)를 고찰하고 있는데, 이 부분은 1947년에 발행된 『제주방언집』을 보완한 것으로 보인다. "제주시조 고양부 삼씨고(濟州始祖 高良夫 三氏考)", "탐라고사(耽羅古史)", "토산당유래기(兎山堂由來記)" 등은 그의 인문분야에서의 관심과 전문성을 잘 보여주는 글들이다.

석주명은 자신의 연구업적 목록을 몇 차례 정리한 바 있지만, 『제주도 자료집』 부록에서 그의 생전에 최종적으로(1950. 7. 1) 자신의 연구업적을 정리하고 그에 대한 해설을 달았다. 그는 제주도 총서를 통해서 제주도 연구에 대한 기초자료를 남겼고, 그 가운데 『제주도 자료집』 부록에서 일생 동안의 자신의 연구업적에 대해서 가감없이 정리하고 있다. 그 점에서 이 책은 제주학 연구자들뿐만 아니라 석주명 연구자들에게도 필수자료가 되고 있다.

반(半)제주인 석주명

한때 제주도(濟州道)가 제주도(濟州島)의 가치를 깨닫지 못하고 하와이, 홍콩, 싱가포르, 두바이 등을 부러워하면서 그들을 닮아보고자 제2의 하와이, 홍가포르, 제2의 두바이를 꿈꾸던 적이 있었다. 그러나 최근에 지역적인 것의 가치가 높이 평가되는 시대가 되면서 "제주다움이 경쟁력이다.", "가장 제주적인 것이 세계적인 것이다."라는 구호가 심심찮게 나오고 있다.

하지만 제주도를 바라보는 시각은 제주인, 외지인, 반(半)제주인, 반(半)외지인 등에 따라 달라진다. 여기서 제주인은 제주에서 태어나고 자랐으며 현재 살아가는 제주 토박이들을 일컫고, 외지인은 외지에서 태어나고 자라서 토박이 제주인의 정서를 잘 이해하지 못하는 이들을 일컬으며, 반제주인은 외지에서 태어나고 자랐으나 제주도에 대한 지식과 애정이 토박이 제주인 못지않은 이들을 이르고, 반외지인은 제주에서 태어나고 자랐지만 외지에 오래 살아 외지인의 정서도 잘 이해하는 이들을 말한다. 따라서 제주다움이나 제주적인 것을 논하기 위해서는 제주인, 외지인, 반제주인, 반외지인의 시각을 아울러야 한다.

석주명은 스스로를 반(半)제주인이라 밝힌 바 있다. 그는 '제주적인 것'의 가치를 가장 먼저 알아본 인물이다. 그는 제주도의 특이한 자연과 문화가 귀하다는 것을 깨닫고, 그것들이 사라지는 것을 안타까워하면서 누군가 그것을 행할 것을 기다리지 않고, 직접 제주도의 자연뿐만 아니라 인문사회 분야 연구에 직접 뛰어들어 제주학 연구의 초석이 되는 제주도 총서를 결집(結集)해냄으로써 자타가 공인하는 제주학의 선구자가 되었다. 그리고 그의 제주도 연구는 그 양과 질에서 뛰어나 그를 제주도 박사라고 부르기에 충분하다.

어떤 것의 가치는 그것을 매일 보는 사람보다 처음 보는 사람이 더 잘 알게 되는 경우가 적지 않다. 그리고 이미 다른 것들을 많이 보았던 사람은 그들과 비교를 통해 좀 더 객관적으로 그것의 가치를 알 수 있다. 석주명은 나비채집을 하느라 전국을 거의 다 섭렵하였다. 그러기에 이방인이었던 그는 제주도의 자연과 인문의 가치를 한눈에 알아차릴 수 있었고, 2년간 제주도에 상주하면서 제주도에 관련해서 보고, 듣고, 읽고, 직접 조사한 자료들을 철저하게 기록하여 분석하고 분류였으며, 그것들을 엮어 여섯 권의 제주도 총서를 만들어냈다.

그의 제주도 연구는 자연과 인문사회 분야의 거의 모든 영역을 망라한다. 그는 이방인이었고, 곤충학을 제외한 나머지 분야에서는 비전공자였다. 그러기에 그는 제주인들이 미처 보지 못한 것들을 볼 수 있는 참신성과 과감성을 가졌지만, 그만큼 잘못 볼 수 있는 가능성도 있다. 그는 제주도에 오기 전에 이미 나비 분야에서는 세계적으로 인정받는 학자였다. 한 분야의 대가는 다른 비전문 분야에서도 큰 성과를 낼 수 있다는 장점도 있지만, 경우에 따라서는 부적합한 권위에의 오류를 범할 수 있는 약점도 지닌다. 즉 나비연구의 대가였기에, 그가 범한 잘못들마저도 대중들은 사실과 진실로 받아들이는 경우도 생겨난다. 석주명의 제주학 연구의 한계가 바로 그것이다. 하지만 그가 범한 작은 오류에 비해 그가 이룬 성과가 워낙 크다. 따라서 석주명의 제주학 연구의 성과를 계승하고 그의 오류를 바로잡는 것은 각 분야에서의 전공자들이 몫이다.

그의 제주학 연구는 다음과 같은 의의가 있다. 첫째, 그가 남긴 자료들은 제주도 연구를 위한 기초자료가 된다. 제주도와 관련해서 그가 수집하고 기록한 자료들은 제주도 근현대사에서 가장 큰 비극인 제주 4·3 직전의 것들이어서 제주도 자연과 인문사회의 원 모습에 가까운 것들로, 그로 인해 그는 제주학의 선구자가 되었다.

둘째, 일제강점기에 한국인에 의해 종합적으로 제주도 연구가 이뤄졌다. 당시 일본 어용학자들이 제주도 연구를 많이 했지만 그들의 연구의 주요 목적은 자원을 수탈하고 사회를 지배하기 위한 것이었다. 그러나 석주명의 제주도 연구는 양과 질에서 일본인 학자들을 압도했을 뿐만 아니라, 반(半)제주인의 입장에서 제주도를 애정 어린 눈으로 바라보면서 연구했고, 제주학 연구를 한국의 본 모습을 밝히는 국학 연구의 연장으로 보았다.

셋째, 자연과학의 방법론을 인문사회 분야에도 적용하는 선례를 남겼다. 즉 나비연구에서 사용하는 통계, 분류, 분석 방법들을 방언연구, 인구조사, 문헌자료 분류 등에서도 응용하고 있다. 그리 본다면 석주명은 이미 최근 화두가 되고 있는 학문융합을 시도하였다는 점에서 우리나라 학문융합의 선구자라 할 수 있다.

넷째, 석주명은 제주도 연구를 통해 통합학자가 되었다. 석주명의 학문연구 전체를 놓고 볼 때 제주도 연구 이전과 이후는 확연하게 다르다. 석주명은 제주도 연구 이전에는 한낱 곤충학자에 불과했지만, 제주도 연구를 하면서 자연, 인문, 사회 분야를 아우르는 통합학자로 성장했다.

하지만 특정 분야에서는 탁월한 전문가일지라도 다른 분야에서는 비전문가가 되기 때문에 석주명의 업적에는 공과(功過)가 공존한다. 강영봉(2008)은 석주명의 제주어 연구에 대해 "어느 한 사람의 개인적 관심 또는 호기심이 전공자에게 자극을 주고 좋은 자료를 제공한다. 비전공자가 전공자에게 영향을 미칠 수 있고 전공자는 풍부한 자료를 제공받음으로써 그 외연을 넓힐 수 있다. 물론 부정적인 요인도 있다. 비전공자이기 때문에 부정확하고 잘못된 자료를 제시하는 경우가 있을 수 있고, 이를 사실로 믿거나 진실로 받아들이는 사람도 있게 마련이어서 오해를 사기도 한다. 그러나 전공자의 거르개를 거쳐 정제된 자료를 내놓는다면 문제는 해결될 것이다."라고 이야기한다. 이 말은 석주명의 제주학 연구의 공과를 제주학의 다른 분야에도 공통적으로 적용할 수 있다.

그는 평양에서 태어나 개성에서 중등교사로 있으면서 나비연구로 이름을 떨쳤고, 말년에는 제주도와 서울에서 연구를 하였다. 그러기에 그는 남북한 동포들이 함께 존경할 수 있고, 자연과학도와 인문사회학도가 동시에 흠모할 수 있는 보기 드문 학자이다. 그리고 일제 강점기에 우리나라 학자들 가운데 세계에 내세울 수 있는 거의 몇 안 되는 인물 가운데 한 사람이다. 제주도와 관련된 그의 논저와 자료들은 제주학뿐만 아니라 한국학의 귀중한 자산이다.

마무리하며

우리에게 석주명은 전설적이고 신화적인 존재이다. 그는 대학이 아닌 고등농림학교 출신인데다, 대학교수가 아닌 중등교사였지만 나비 분야에 관한 한 타의 추종을 불허할 업적을 남겼다. 하지만 생전에 나비박사라는 별칭을 얻을 만큼 학문적 인기와 명성을 떨쳤던 그가 사후에 학계는 물론 대중으로부터 갑작스레 사라졌던 것은 불가사의한 일이다.

그에 대한 이야기가 초등 교과서에도 실리고, 그가 한국과학기술원 한림원에서 '과학기술인 명예의 전당'에 헌정되었으며, 한국조폐공사와 우정사업본부에서 그를 기념하는 메달과 우표를 발행했고, 그를 기리는 오페라까지 공연되었다. 그래서인가 오늘날 석주명을 모르는 이는 거의 없었다. 하지만 아이러니하게도 그에 대해서 자세히 아는 이는 거의 없다.

그의 탄생일(1908년 10월 17일)조차 1908년 11월 13일로 잘못 알려져 있고, 그가 숭실학교에서 송도고보로 옮기는 과정도 불분명하며,

최종학력도 가고시마고등농림학교 박물학과로 잘못 알려져 있고, 그가 사망한 이유에 대해서도 확실치 않다. 아마도 그가 42세라는 젊은 나이로 일찍 세상을 떠났고, 이북출신인데다 대학교수가 아니다보니 학문적 후계자가 없으며, 직계가족도 해외에 사는 따님(석윤희) 한 분만 있는 탓도 있다. 그나마 그가 세상에 다시 등장하게 된 것은 전적으로 누이동생인 고 석주선 교수가 그의 원고를 잘 간직했다가 유고집으로 내놓은 덕분이다.

미래가 불확실한 일제강점기, 2차세계대전, 혼돈의 해방공간에서 교육과 연구를 하던 그는 자신의 앞날을 예감해서일까 자신의 학문적 업적뿐만 아니라 등사판 잡지나 어린이 신문잡지에 기고했던 짧은 글들도 빠뜨리지 않고 목록을 만들어두었다. 그는 1938년(30세)과 1941년(33세)에 자신의 주요업적 목록과 그에 대한 해설을 남겼고, 최종적으로는 한국전쟁이 발발하던 1950년 6월에 탈고된 『제주도 자료집』에 자신의 업적 목록(101편의 학술논저와 180편의 에세이)을 꼼꼼하게 정리해놓았다. 그것들을 들여다보고 있으면 언젠가 누군가가 자신의 일거수일투족을 살필 것이라는 걸 알고 있었던 듯하다.

이 책을 준비하면서 그의 발자취를 따라 가보려고 노력하였다. 그의 탄생일을 확인하기 위해 만세력을 살펴보았고, 평양 숭실학교와 개성 송도고등보통학교 시절을 살피기 위해 『숭실100년사』와 『송도학원 80년사』를 뒤졌고, 일본 가고시마고등농림학교의 시기를 톺아보기 위해 가고시마대학 농학부, 가고시마고농 동창회, 일본곤충학회 등의 홈페이지 외 인터넷을 수도 없이 검색하였다. 그 과정에서 묻혀 있던 사실들이 하나 둘 드러나기도 하였다.

그는 1908년 10월 17일(음력 9월 23일) 평양에서 태어났다. 그는 1921년 평양 숭실학교에 입학하여 다니다가 1922년 여름 동맹휴학사태로 중퇴하고 개성 송도고등보통학교로 전학하였다. 석주명이 재학 당시 숭실학교는 총독부의 승인을 받지 못한 각종학교여서 상급학교에 진학할 때 불이익을 받고 있었기 때문에 학생들이 학교 측에 고등보통학교로 지정받을 것을 요구하면서 벌인 동맹휴학이었다. 학교측에서는 성경과목과 예배를 금지해야 지정학교로 인가하겠다는 총독부의 조건을 수용할 수 없다고 했고, 학생들은 지정학교로 인가받아야 한다고 대립한 가운데 많은 진통이 있었고, 그 와중에 석주명은 숭실학교를 떠나 송도고보로 전학하였다.

그가 송도고보로 전학한 것은 우연한 일이었지만 훗날 나비연구를 위해서는 오히려 잘된 일이었다. 개성은 다양한 나비들이 있는 지역인데다 송도고보에는 원홍구라는 유능한 생물교사가 재직하고 있었고, 나비연구를 전폭적으로 지원해줄 수 있는 스나이더(L. H. Snyder)라는 귀인이 있었기 때문이다. 미국인 선교사인 스나이더는 송도고보에서 교사와 교장으로 근무하면서 석주명의 학생시절부터 교사시절까지 그의 됨됨이를 잘 알고 있어서, 석주명이 미국의 여러 박물관들로부터 연구비 지원을 받고 나비채집을 지속할 수 있도록 도와주었다. 그리고 그는 석주명을 영국왕립학회 조선지부에 주선하여 세계적 나비학자 반열로 올려놓은 『A Synonymic List of Butterflies of Korea』를 집필하게 하였고 그 책의 서문까지 써주기도 하였다.

석주명은 1926년 송도고보를 졸업하고 일본의 가고시마고등농림학교 농학과에 입학하였다. 그가 입학하던 당시 가고시마고농에는 농학과, 임학과, 농예화학과, 양잠학과가 있었고, 농학과는 '농학' 전공과 '농예생물' 전공으로 나뉘어 있었다. 그가 2학년에 진급하면서 농학과에서 박물과로 옮겼다고 알려져 왔으나, 사실은 농학과를 다니면서 농예생물을 전공했던 것이다. 그렇기 때문에 그의 최종학력은 가고시마고등농림학교 농학과(농예생물전공) 졸업이다.

그는 민족적으로 암울한 시기에 배우고 연구하고 가르치면서 우리나비에 몰입하여 자타가 공인하는 나비박사가 되었다. 그는 일제강점기에 우리나비에 관한 한 일본의 나비학자들을 압도함으로써 민족적 자존감을 높여주었다. 해방되던 해 그의 나이 37세였다. 남북분단과 동족상잔의 전쟁까지 치르는 소용돌이 정국 속에서 그는 일제강점기에 수집하고 정리한 나비와 제주도에 대한 연구 성과물들을 우리말로 출간하려고 노심초사하였고, 우리 민족이 당당한 세계시민국가의 구성원이 될 수 있도록 주체적이면서도 민주적인 문화국가를 건설하기 혼신의 노력을 다하였다.

그의 발자취를 따라가다 보니 그를 나비박사로 묶어두기에는 아쉬움이 컸다. 그는 나비 이외에도 일생 동안 국제어인 에스페란토에 애정을 쏟았고, 그의 학문이 무르익던 말년에는 변방의 섬이었던 제주도 연구에 혼신의 노력을 기울였다. 이 책에서는 석주명이 사랑했던 '나비', '에스페란토', '제주학'이라는 전혀 다른 세 분야의 성과들을 입체적으로 연결시키면서 그가 자연과 인문사회 분야를 자유롭게 넘나든 '통합학자'이고, 지역, 민족, 세계 어느 하나를 배척하거나 고집하지 않고 그것들을 잘 녹여내고 조화시킨 '사상가'라는 점을 드러내려 하였다.

그는 정규대학이 아닌 고등농림학교를 나왔고, 대학교수가 아닌 중등교사였지만, 노력과 실력으로 세계적인 학자가 되었다. 요즘 학력보다는 실력이 더 중요하다고 하면서도 우리에게 그러한 실제 모델이 많지 않다. 석주명은 우리의 청소년과 교육자와 연구자들에게 학력이나 지위보다 노력과 실력이 중요하다는 것을 보여주는 좋은 모델이 될 것이다.

우리는 민족적으로 남북이 분단되고, 학문적으로 자연, 인문, 사회 분야 학자들이 소통이 부족한 상황이다. 석주명은 분단 이전에 남북을 두루 탐사하고 연구하였고, 남북분단 과정에서 희생되었다. 따라서 이 책은 분단된 우리 민족의 화해와 화합에 미력하나마 도움이 되고, 자연과 인문사회 분야로 분리된 우리 학계에 소통을 이루는 작은 계기가 될 것을 기대한다.

그는 인생 전체를 우리 나비에 바쳤고, 인생의 정점시기에 제주도에 미쳤던 사람이다. 세상이 제주도의 가치를 제대로 알지 못할 때, 그는 제주도의 가치를 깨닫고 수많은 자료를 수집하여 세상에 알렸다. 늦게나마 그를 기리기 위해 그가 살았던 서귀포시 영천동에서는 2014년 돈내코계곡을 따라 숲길, 오름, 마을로 이어지는 석주명나비길을 조성하였고, 제주특별자치도에서는 2020년 완공을 목표로 석주명기념관 건립을 추진하고 있다. 석주명기념관에 그의 유품을 모아놓은 자료실과 나비체험관이 들어섰으면 한다. 그리고 그가 제주학의 선구자

임을 감안하여, 제주어학습실과 방언체험관을 운영하고, 에스페란토 운동을 펼쳤던 것을 고려하여 에스페란토학습관도 함께 들어선다면 더 바랄 나위가 없겠다.

참고문헌

석주명 논저

- 석주명(1931), 「에스페란토]1」, 『송우』, 1931. 7. 1.
- 石宙明 · 高塚豊次(1932), 「朝鮮球場地方産蝶類目錄」, *Zephyrus*, vol.4[4], 日本蝶類同好會.
- 석주명(1933), 「에스페란토論」, 『송우』, 송고교우회; 『석주명 나비채집 20년의 회고록』(1992) 193~200쪽에 재수록.
- 石宙明(1934), 「白頭山地方産 蝶類採集記」, *Zephyrus*, vol.5[4], 日本蝶類同好會.
- 석주명(1937a), 「濟州島産蝶類採集記」, *Zephyrus* vol.7[2/3], 日本蝶類同好會, 1937.; 윤용택 외, 『학문 융복합의 선구자 석주명』(2012) 385~419쪽에 「제주도산접류채집기」로 번역 수록.
- 석주명(1937b), 「濟州島の思ひ出」, 『지리학연구』 14(5): 27~29 ; 『석주명 나비채집 20년의 회고록』(1992) 375~378쪽에 재수록, 『제주도 자료집』(1971) 190~193쪽에 「제주도의 회상」으로 번역 수록.
- 석주명(1941a), 「世界的 昆蟲生態 畵家 '南나비傳'」, 『조광』 7(3); 『석주명 나비채집 20년의 회고록』(1992) 43~47쪽에 재수록.
- 石宙明(1941b), 「冠帽連峯産 蝶類採集記」, *Zephyrus*, vol.9[2], 日本蝶類同好會.
- 석주명(1944), 「마라도エレヂ-」, 《城大學報》 80: 2; 『제주도 자료집』(1971) 182~184쪽에 『마라도 엘레지』로 번역 수록.
- 석주명(1945c), 「濟州島의 女多現象」, 『조광』 11(2): 39~41; 『석주명 나비채집 20년의 회고록』(1992) 149~156쪽에 재수록.
- 석주명(1946b), 「兎山堂由來記」, 『향토』 9월호: 15~18; 『제주도 자료집』(1971)

177~181쪽 및 『석주명 나비채집 20년의 회고록』(1992) 173~178쪽에 재수록.
- 석주명(1946d), 「濟州島地名을 包含한 動植物名」, 『국립과학박물관동물학부연구보고』 1(1): 1~4; 『제주도 자료집』(1971) 11~20쪽에 증보 재수록.
- 석주명(1947a), 『국제어 에스페란토 교과서 附 소사전』, 조선에스페란토학회.
- 석주명(1947b), 『조선 나비이름의 유래기』, 백양당.
- 석주명(1947c), 『濟州島方言集』, 서울신문사.
- 석주명(1947d), 「濟州島의 蝶類」, 『국립과학박물관동물학부연구보고』, 2(2): 17~45.
- 석주명(1947e), 「제주도와 울릉도」, 《소학생》 51: 18~19; 『제주도 자료집』(1971) 9~10쪽에 재수록.
- 석주명(1947h), 「濟州島의 蝶類」, 『국립과학박물관동물학부연구보고』 2(2); 『석주명 나비채집 20년의 회고록』(1992) 55~60쪽에 재수록.
- 석주명(1947i), 「耽羅古史」, 『국학』 3: 25~28, 36; 『제주도 자료집』 (1971) 172~176쪽 및 『석주명 나비채집 20년의 회고록』(1992) 167~171쪽에 재수록.
- 석주명(1948a), 「韓國의 姿態」, 《제주신보》 1948. 2. 6.; 『제주도 자료집』(1971) 7~8쪽에 재수록.
- 석주명(1948b), 「濟州島의 象皮病」, 『조선의보』 2(1): 38~39; 『제주도 자료집』 (1971) 213~214쪽에 재수록.
- 석주명(1948c), 「學術界에 있어서의 에스페란토의 地位」, 《신천지》 3(5); 『석주명 나비채집 20년의 회고록』(1992) 207~211쪽에 재수록.
- 석주명(1948d), 「國學과 生物學」, 김정환 편 『현대문화독본』(1947년에 《서울신문》 학예란에 투고했던 과학수필 중 5편을 재편한 것); 『제주도 자료집』, 보진재, 1971, 190~193쪽에 재수록.
- 석주명(1948e), 「濟州島廳論」, 《제주신보》 1948. 10. 20.; 『제주도 자료집』(1971) 197~198쪽에 재수록.
- 석주명(1949a), 「濟州島의 生命調査書-濟州島 人口論-」, 서울신문사.
- 석주명(1949b), 『濟州島文獻集』, 서울신문사.
- 석주명(1949c), 「에스페란토論」, 《신천지》 4(2); 『석주명 나비채집 20년의 회고록』 (1992) 201~206쪽에 재수록.
- 석주명(1949e), 「科學과 에스페란토」, 《신천지》 4(6); 『석주명 나비채집 20년의 회고

록』(1992) 213~217쪽에 재수록.

- 석주명(1949f), 「濟州島方言과 比島語」, 『조선교육』 3(3): 17~19. 『제주도 자료집』(1971) 161~164쪽 및 『석주명 나비채집 20년의 회고록』(1992) 157~161쪽에 재수록.
- 석주명(1949g), 「'男女數의 支配線'의 位置, 附 濟州道統計에 대하여」 『대한민국통계월보』 5: 1~3; 『제주도 자료집』(1971) 209~212쪽에 재수록.
- 석주명(1949h), 「신문기사로 본 해방 후 1년간의 제주도」, 『학풍』 2(1): 100~101; 『석주명 나비채집 20년의 회고록』(1992) 179~181쪽에 재수록.
- 석주명(1949i), 「신문기사로 본 해방후 둘째해의 제주도」, 『학풍』 2(2): 112~113; 『석주명 나비채집 20년의 회고록』(1992) 183~186쪽에 재수록.
- 석주명(1949j), 「신문기사로 본 해방후 셋째해의 제주도」, 『학풍』 2(3): 116~117쪽; 『석주명 나비채집 20년의 회고록』(1992) 187~190쪽에 재수록.
- 석주명(1949k), 「나비채집 20년 회고록(1949)」, 『석주명 나비채집 20년 회고록』, 신양사, 1992, 6쪽.
- 석주명(1949l), 「대학생과 어학공부」, 홍성조 · 길경자 편 『나비박사 석주명』, 한국에스페란토협회, 2005에 재수록.
- 석주명(1949m), 「教師와 學者」, 『새교육』 5; 『석주명 나비채집 20년의 회고록』(1992) 105~108쪽에 재수록.
- 석주명(1950a), 「濟州島方言과 馬來語」, 『語文』 2: 1~4; 『제주도 자료집』(1971) 157~160쪽 및 『석주명 나비채집 20년의 회고록』 163~166쪽에 재수록.
- 석주명(1950b), 「신문기사로 본 해방후 넷째해의 제주도」, 《제주신보》 부록 제1호(1950. 4. 5.), 4쪽.
- 석주명(1950c), 「濟州始祖 高 · 良 · 夫 三氏考」, 《주간서울》 87: 13; 『제주도 자료집』(1971) 168~171쪽에 증보하여 재수록.
- 석주명(1968), 『濟州島隨筆 -濟州의 自然과 人文-』, 보진재.
- 석주명(1970), 『濟州島昆蟲相』, 보진재.
- 석주명(1971), 『濟州島資料集』, 보진재.
- 석주명(1972), 『韓國産 蝶類의 硏究』, 보진재.
- 석주명(1973), 『韓國産蝶類分布圖』, 보진재.
- 석주명(1992a), 『韓國本位 世界博物學年表』, 신양사.

- 석주명(1992b), 『석주명의 나비채집 20년의 회고록』, 신양사.
- 석주명(1992c), 『석주명의 과학나라』, 현암사.
- 석주명(2008), 『濟州島方言集』, 서귀포문화원.
- 석주명(2008), 『濟州島의 生命調査書』, 서귀포문화원.
- 석주명(2008), 『濟州島關係文獻集』, 서귀포문화원.
- 석주명(2008), 『濟州島隨筆』, 서귀포문화원.
- 석주명(2008), 『濟州島昆蟲相』, 서귀포문화원.
- 석주명(2008), 『濟州島資料集』, 서귀포문화원.
- D. M. Seok(1940), *A Synonymic List of Butterflies of Korea*, The Korean Branch of the Royal Asiatic Society, Seoul.

석주명 관련 논저

- 강영봉(2002), 「제주어와 석주명」, 『탐라문화』 22, 제주대 탐라문화연구소.
- 강영봉(2008), 「석주명의 제주어와 몽골어」, 〈나비, 그리고 아름다운 비행〉 석주명 선생 탄생 100주년 기념세미나 자료집, 석주명선생기념사업회.
- 강영봉(2012), 「석주명의 제주어 연구 의의와 과제」, 『학문 융복합의 선구자 석주명』, 보고사, 2012, 187~197쪽.
- 김용식(2002), 『원색 한국나비도감』, 교학사.
- 김치완(2012), 「석주명의 제주도자료에 비친 제주문화」, 『학문 융복합의 선구자 석주명』, 보고사, 2012, 248~255쪽.
- 문만용(1997), 「'조선적 생물학자' 석주명의 나비 분류학」, 서울대 대학원 과학사및 과학철학협동과정 석사논문.
- 문만용(2011), 「나비분류학에서 국학까지」, 〈학문 융복합의 선구자 석주명을 조명하다〉 석주명 선생 탄생 103주년 기념학술대회 자료집, 제주대 탐라문화연구소.
- 문만용(2012), 「나비분류학에서 인문학까지」, 『학문 융복합의 선구자 석주명』, 보고사.
- 문태영(2012), 「석주명의 나비학 연구의 의의」, 『학문 융복합의 선구자 석주명』, 보고사, 2012.

- 박성실, 「德溫公主家 유물 소장 배경과 유형별 특징-석주선기념박물관 소장품을 중심으로-」, 〈제30회 학술발표 제31회특별전 '조선 마지막 공주, 덕온家의 유물'전 자료집〉, 단국대학교 석주선기념박물관, 2012. 5. 11.
- 서귀포시(2003), 〈제주학의 선구자 나비박사 석주명 선생의 삶〉 석주명 선생 흉상 제막 학술세미나 자료집.
- 서재철 · 정세호(2005), 『제주도곤충』, 일진사.
- 송상용(2008), 「토종 과학자 석주명」, 《한겨레》신문, 2008. 11. 12.
- 송상용(2012), 「한국 현대 학문사에서의 석주명의 위치」, 『학문 융복합의 선구자 석주명』, 보고사, 2012.
- 숭실대학교 120년사편찬위원회, 『민족과 함께한 숭실120년』, 숭실대학교, 2017.
- 숭실대학교 120년사편찬위원회, 『평양숭실 회고록』, 숭실대학교, 2017.
- 신동원(2012), 「한국과학사에서 본 석주명」, 『학문 융복합의 선구자 석주명』, 보고사, 2012.
- 양창용(2011), 「세계어, 지역어, 그리고 영어의 위상」, 〈학문 융복합의 선구자 석주명을 조명하다〉 석주명 선생 탄생 103주년 기념학술대회 자료집, 제주대 탐라문화연구소.
- 오성찬(2004), 『나비와 함께 날아가다』, 푸른사상.
- 오홍석(2005), 『내가 만난 세상』, 줌.
- 우종인(1938), 「남부조선채집기」, 『곤충계』 6(55): 721~728; 『석주명 나비채집 20년의 회고록』(1992) 330~337쪽에 재수록.
- 윤상현, 「1950년대 지식인들의 민족 담론 연구」, 서울대학교 대학원 국사학과 박사학위논문, 2013.
- 윤용택(2003), 「나비박사 석주명 기념관 건립을 제안하며」, 〈제주문화포럼소식지〉 7월호.
- 윤용택(2007), 「석주명 선생, 업적 재조명 제주도가 앞장서야」, 《제주대신문》, 2007. 5. 16.
- 윤용택(2011), 「석주명의 제주학 연구의 의의」, 『탐라문화』 39, 제주대 탐라문화연구소.
- 윤용택(2012), 「학문 융복합의 선구자」, 『학문 융복합의 선구자 석주명』, 보고사.

- 윤용택(2017), 「석주명의 학문이념에 대한 연구」, 『철학사상문화』 25, 동국대 동서사상연구소.
- 윤용택 외(2012), 『학문 융복합의 선구자 석주명』, 보고사.
- 이병철(1985), 『석주명 평전』, 동천사.
- 이병철(1989), 『위대한 학문과 짧은 생애-나비박사 석주명 평전』, 아카데미서적.
- 이병철(1997), 「나비박사 석주명의 생애와 학문」, 『과학사상』 21, 범양사.
- 이병철(2010), 『석주명』, 작은씨앗.
- 이병철(2011a), 『석주명 평전』(복간), 그물코.
- 이병철(2011b), 「'석주명 제대로 알기' 여정을 돌아보다」, 〈학문 융복합의 선구자 석주명을 조명하다〉 석주명 선생 탄생 103주년 기념학술대회 자료집, 제주대 탐라문화연구소.
- 이영구(2012), 「석주명의 에스페란토 운동의 의의」, 『학문 융복합의 선구자 석주명』, 보고사, 2012.
- 이유진(2005), 「석주명 '국학과 생물학'의 분석」, 『철학 · 사상 · 문화』 2, 동국대 동서사상연구소.
- 임종태(2011), 「한국사회에서 과학과 인문학의 분리」, 〈지식융합의 현재와 미래〉 제1회 융합워크숍자료집, 지식융합과 미래 과학기술과사회 연구단.
- 전경수(2001), 「석주명의 학문세계: 나비학과 에스페란토, 그리고 제주학」, 『민속학연구』 8, 국립민속박물관.
- 정세호(1999), 『원색 제주도의 곤충』, 제주도민속자연사박물관.
- 정세호(2012), 「석주명의 제주도 곤충 연구에 대한 의의」, 『학문 융복합의 선구자 석주명』, 보고사, 2012.
- 제주 4 · 3희생자유족회(2015), 『제주 4 · 3희생자유족회 27년사』, 도서출판 각.
- 제주특별자치도(2007), 『사진으로 보는 제주역사(1900~2006)』 2, 제주특별자치도.
- 최낙진(2007), 「석주명의 〈제주도 총서〉에 관한 연구」, 『한국출판학연구』 52, 한국출판학회.
- 최낙진(2012), 「석주명의 〈제주도 총서〉의 출판학적 의미」, 『학문 융복합의 선구자 석주명』, 보고사, 2012.
- 한국방송공사(1980), 〈나비박사 석주명〉(TV인물전), KBS.

- 한국천문연구원(2004),『한국천문대 만세력』, 명문당.
- 한림화(2000),「국학자 석주명의 생애에 대한 고찰」,〈제주학 연구의 선구자 고 석주명 선생 재조명〉2000제주전통문화학술세미나 자료집, 제주전통문화연구소.
- 한창영(1969),「이야기를 남긴 사람들 '석주명 선생'」,『제주도』41, 제주도.
- 홍성조 · 길경자 편(2005),『나비박사 석주명선생』, 한국에스페란토협회.
- 홍순만(2000),「제주도학 연구와 석주명 선생의 공헌」,〈제주학 연구의 선구자 고 석주명 선생 재조명〉2000제주전통문화 학술세미나 자료집, 제주전통문화연구소.
- 『동아백년옥편』, 두산동아, 2012.
- 『송도학원 80년사』, 학교법인 송도학원 · 송도중고등학교동창회, 1989.
- 『숭실100년사(1897~1997)』, 숭실학원 · 숭실중고등학교, 1997.
- 『'내 벗 석주명(나비박사)을 위해…' 정인보 장편한시(漢詩) 공개』,《조선일보》(2009. 4. 28)
- 平成27年度鹿児島大学附属図書館貴重書公開,『舊制鹿兒島高等農林學校の底力』, 鹿兒島大學付屬圖書館, 2015.
- 末永一,「故 岡島 銀次 先生を憶う」,『昆蟲(KONTYU)』Vol.23 , No.2, 日本昆蟲學會, 1955. 5.
- 長谷川 仁, 明治以降「物故昆虫学関係者経歴資料集-日本の昆虫学を育てた人々-」,『昆蟲(KONTYU)』Vol.35 , No.3, Supple., 日本昆蟲學會, 1967. 10.
- やまだ あつし,「鹿児島高等農林からみた 臺灣 · 沖縄 · 朝鮮」,『翰林日本學』, 제29집, 한림대학교 일본학연구소, 2016. 12
- 蟹江松雄, 鹿児島高等農林学校における 農芸化学の歩み,「鹿児島高等農林と農芸化学その2」, *Nippon Nogeikagaku Kaishi* Vol. 57, No, 4. 日本農芸化学会, 1983.
- 鹿児島高等農林学校-Wikipedia
- 왕립아세아학회한국지부(Royal Asiatic Society-Korea Branch) 홈페이지 www.raskb.com
- 鹿児島大學付屬圖書館 貴重書公開(Repository), http://hdl.handle.net/10232/25898
- 가고시마대학총합연구박물관 홈페이지, http://www.museum.kagoshima-u.ac.jp/
- 일본곤충학회 홈페이지, http://www.entsoc.jp/about/ayumi.php

사진 및 지도 출처

20쪽 가족(1934): 맨뒷줄 왼쪽 두 번째부터 형 석주홍, 석주명, 동생 석주일, 셋째줄 왼쪽 동생 석주선, 둘째줄 왼쪽 두 번째 어머니—단국대 석주선기념민속박물관

20쪽 가족(1938): 부인 김윤옥, 딸 윤희와 함께—석주명, 『석주명의 나비채집 20년의 회고록』, 신양사, 1992.

24쪽 송도고보 시절 석주명 (1925. 3. 17)—이병철, 『석주명 평전』(복간), 그물코, 2011.

25쪽 송도고보 박물관 표본실(1926)—『송도학원 80년사』, 학교법인 송도학원 · 송도중고등학교동창회, 1989.

25쪽 송도고보 이화학교실(1926)—『송도학원 80년사』, 학교법인 송도학원 · 송도중고등학교동창회, 1989.

26쪽 송도고보 시절 석주명의 스승, 원홍구(1888~1970), 스나이더(L. H. Snyder, 1886~?—한국민족문화대백과사전—『송도학원 80년사』, 학교법인 송도학원 · 송도중고등학교동창회, 1989.

28쪽 1930년대 가고시마고등농림학교—『舊制鹿兒島高等農林學校の 底力』 http://hdl.handle.net/10232/25898

28쪽 가고시마고등농림학교 본관과 강당—『舊制鹿兒島高等農林學校の 底力』 http://hdl.handle.net/10232/25898

31쪽 1930년대 가고시마고등농림학교 실험실—『舊制鹿兒島高等農林學校の 底力』 http://hdl.handle.net/10232/25898

32쪽 가고시마고농 시절 석주명의 스승, 오카지마(岡島銀次, 1875~1955), 시게마쓰(重松達一郎, 1868~1940)—『舊制鹿兒島高等農林學校の 底力』 http://hdl.handle.net/10232/25898

36쪽 송도고보 교사시절(1931)—석주명, 『석주명의 나비채집 20년의 회고록』, 신양사, 1992.

36쪽 1930~40년대 송도고등보통학교 전경—『송도학원 80년사』, 학교법인 송도학원 · 송도중고등학교동창회, 1989.

39쪽 송도고보 교사시절(1932)—석주명, 『석주명의 나비채집 20년의 회고록』, 신양사, 1992.

44쪽 만돌린과 기타를 잘 쳤던 석주명(1929. 11. 24)—이병철, 『석주명 평전』(복간), 그물코, 2011.

48쪽 일본의 나비 전문학술지 『제피루스』

49쪽 백두산 나비채집(1933. 7. 30): 왼쪽부터 우종인, 김숙보, 석주명, 석주일—석주명, "백두산지방산 나비채집기", *Zephyrus*, vol.5[4], 1934.

55쪽 금강산 수학여행 중 나비채집(1934. 5. 28~31)—『송도학원80년사제주역사』, 학교법인 송도학원송도중고등학교동창회, 1989.

58쪽 함경북도 도정산 나비채집(1940. 7. 25) : 포충망을 든 석주명과 장재순—석주명, "관모연봉산접류채집기", *Zephyrus*, Vol.9[2], 1941.

58쪽 함경북도 경성군 보상(甫上) 노상온천에서(1940. 7. 28)—석주명, "관모연봉산접류채집기", *Zephyrus*, Vol.9[2], 1941.

61쪽 일본 나비학술지 『제피루스』를 기증해준 가와조에((川副昭人, 1927~2014) 선생과 그의 제자 현선윤 교수—현선윤 교수 제공

64쪽 『A Synonymic List of Butterflies of Korea』 표지(1940)—필자

66쪽 『A Synonymic List of Butterflies of Korea』에 실린 석주명이 명명한 나비들(좌 : 윗면 우: 아랫면), 1.수노랑이(♂) 2.수노랑이(♀) 3.산굴뚝나비(♂) 4.스기다니은점선표범나비(♂), 5.유리창나비(♂) 6.부전나비(♂) 7.긴지부전나비(♀) 8.유리창나비(♀)—D. M. Seok, *A Synonymic List of Butterflies of Korea*, 1940.

69쪽 송도중학 박물관 60만 마리 나비표본 앞에 선 석주명(1942. 4. 18)—이병철, 『석주명 평전』(복간), 그물코, 2011.

69쪽 송도중학을 떠나며 나비 화장하다(1942. 4. 18)—석주명, 『석주명의 나비채집 20년의 회고록』, 신양사, 1992.

79쪽 경성제대 생약연구소 제주도시험장 (현 제주대 아열대생명과학연구소)—필자

79쪽 경성제대 생약연구소 제주도시험장 연구실—필자

80쪽 딸 윤희의 서귀남소학교 시절(1944): 둘쨋줄 오른쪽 세 번째 여학생—『사진으로 보는 제주역사(1900~2006)』 2, 제주특별자치도, 2007.

83쪽 『국제어 에스페란토 교과서 부(附)소사전』(1947)—이병철, 『석주명 평전』(복간), 그물코, 2011.

84쪽 제5회 에스페란토 강습기념(1949.8) : 앞줄 왼쪽에서 두 번째 석주명—이병철, 『석주명 평전』(복간), 그물코, 2011.

84쪽 제3회 국토구명사업 소백산맥 학술조사(1947. 7) : 둘쨋줄 오른쪽 두 번째 석주명—이병철, 『석주명 평전』(복간), 그물코, 2011.

86쪽 『조선 나비이름의 유래기』(1947)—이병철, 『석주명 평전』(복간), 그물코, 2011.

86쪽 석주명이 지은 중등동물 교과서—필자

87쪽 『제주도 방언집』(1947)—한국민족문화대백과사전

89쪽 『제주도의 생명조사서』(1949)—오창명, 2011년 하반기 제주문화강좌 자료집, 제주문화예술재단.

90쪽 『제주도 문헌집(』1949)—오창명, 2011년 하반기 제주문화강좌 자료집, 제주문화예술재단.

92쪽 국립과학관 연구실에서(1949. 9. 14)—석주명, 『석주명의 나비채집 20년의 회고록』, 신양사, 1992.

96쪽 누이동생 석주선(1911~1996)—고창수, 사진 포토그램, http://photogram.tistory.com/1702

99쪽 〈제주도 총서〉 유고집—필자

99쪽 『한국산 접류의 연구』(1972)—필자

99쪽 『한국산 접류 분포도』(1973)—필자

104쪽 『한국본위세계박물학연표』(1992)—필자〈사진 44, 45〉

105쪽 석주명의 묘와 비(경기도 광주 오포읍 능골마을) -필자

107쪽 석주명 기념비(서귀포시 토평동)—필자

120쪽 남계우의 〈화접도〉—국립중앙박물관

122~123쪽 정인보의 한시 〈일호호접도행〉 병풍—정양모 제공

205쪽 제주왕나비(왕나비)—김철수 제공

51쪽 백두산 나비채집 여행지도 1(1933, 7. 21~8. 10) : 석주명과 우종인의 채집경로—석주명, "백두산지방산 접류채집기", *Zephyrus*, vol.5[4], 1934.

52쪽 백두산 나비채집 여행지도 2(1933, 7. 21~8. 10): 조복성과 장재순의 채집경로—석주명, "백두산지방산 접류채집기", *Zephyrus*, vol.5[4], 1934.

56쪽 함경북도 관모연봉 나비채집 여행지도(1940, 7. 22~30)—석주명, "관모연봉산 접류채집기", *Zephyrus*, vol.9[2], 1941.

72쪽 제주도 나비채집지도 1(1936. 7. 21~8. 22)—석주명, "제주도산접류채집기", *Zephyrus*, vol.7[2,3], 1934.

74쪽 제주도 나비채집지도 2(1936. 7. 21~8. 22)—석주명, "제주도산접류채집기", *Zephyrus*, vol.7[2,3], 1934.

76쪽 제주도 나비채집지도 3(1936. 7. 21~8. 22)—석주명, "제주도산접류채집기", *Zephyrus*, vol.7[2,3], 1934.

101쪽 석주명의 나비채집 여행지도(숙박지와 채집지)—석주명, 『한국산 접류 분포도』, 보진재. 1973.

102쪽 『한국산 접류 분포도』의 일부(2~3쪽 제주왕나비)—석주명, 『한국산 접류 분포도』, 보진재. 1973.

88쪽 『제주도 방언집』의 일부(86쪽)

153쪽 『한국본위 세계박물학연표』의 일부(96쪽)

197쪽 『제주도 수필』에 실린 석주명이 채록 채보한 제주민요 〈오돌똑〉

269쪽 제주도의 나비분포 한계를 나타내는 6선(線)

| 부록1 |

석주명의 제주 이야기

제주도 나비채집기*

석주명

1936년 여름 무렵, 스나이더(L. H. Snyder) 씨의 알선으로 미국 자연사박물관의 왓슨(Frank E. Watson) 씨의 보조를 받아 조수 두 명을 데리고 제주도산 인시류 채집을 하게 되었다. 예로부터 육지 사람들은 제주도를 전설의 나라, 불가사의한 나라, 수수께끼의 나라 또는 기이한 나라 등으로 불러왔다. 그러나 최근에는 따뜻한 섬, 해녀의 섬, 풍광이 빼어난 섬 또는 동경의 섬이라고까지 부를 만큼 그들의 제주도관은 완전히 달라졌다. 실제로 제주도의 언어풍습은 육지와 조금 달랐기 때문에 옛 한반도 내륙(육지) 사람들이 제주도에 대하여 본토와는 다른 정취를 품었던 것은 어쩌면 당연한 일일지도 모른다. 그러다가 인류사회의 문화가 개방되어 제주의 인문환경이 알려짐에 따라 그들의 제주

* 이 글은 일본접류동호회 학술지 《Zephyrus》, vol. 7, 1937, 150~174쪽에 실린 「濟州島産蝶類採集記」을 우리말(안행순 번역)로 옮긴 「제주도산접류채집기」, 『학문 융복합의 선구자 석주명』(보고사, 2012) 385~419쪽 가운데 신아종 관련 글과 그가 제주본섬에서 채집한 나비총목록을 제외한 것을 일부 보정한 것이다.

도관이 좀 더 사실적으로 바뀌게 된 것이다. 지난해에는 오사카 마이니치신문 주최의 조선팔경에 그 내용은 차치하더라도 1등으로 당선될 정도로 제주도의 풍광은 널리 알려지게 되었다. 사실 제주도에는 1,950m 한라산과 깊은 계곡, 호수, 바다와 숲과 바위가 있으며, 초원에는 우마가 방목되어 거의 완벽한 풍경을 갖추고 있다. 이런 말을 들으면 여러분은 어쩌면 내가 그 풍경에 매료되어 제주도에 가게 되었다고 생각할지도 모르겠다. 하지만 실제로 제주도는 이미 3년 전부터 채집 프로그램에 포함되어 있었다.

제주도의 자연 및 인문에 관해서는 이미 여러 논저가 있으므로 여기에서는 지면을 조금 할애하여 채집지 약도 3점을 첨부하고, 쉽게 접할 수 있는 문헌 한 권을 소개하는 정도로 그치고자 한다.

『제주도세요람(濟州島勢要覽)』(본문 234페이지, 도판 9점, 제주도청 편집, 1935, 비매품)이라고 되어 있으나 제주읍내 다구치(田口) 상점에서 실비 30전에 분담하고 있다.

제주도에서 우리들이 인시류를 채집했다고 했으나 실제로는 거의 나비만을 채집했다. 올해는 유례없이 전국에 장기간 비가 내렸는데 제주도는 피해가 적은 것이 다행일 정도로, 곤충채집이 문제가 아니었다.

우리들은 7월 21일에서 8월 22일까지 33일간 제주도에 머물렀지만, 맑은 날은 적은데다 조수 두 명이 차례로 발병하고, 때로는 인부마저 발병하여 계획한 코스를 무리해가며 걷기만 했던 때가 오히려 많았다. 그래도 낮에는 어느 정도 활동이 가능하여 궂은 날씨에 비해 나비채집은 어느 정도 수확은 있었다. 그러나 나방은 대체로 야간 채집을 해야 하는데 궂은 날씨와 섬이라는 특성상 밤에도 부는 바람 때문에 겨우 몇 번만 채집을 시도했을 뿐이다. 결국 이번 채집여행을 보조해주신 산누에나방과(科)의 전문가 왓슨 씨를 위한 나방은 한 마리도 채집하지 못했다.

노무라(野村健一) 씨가 『규슈낙도채집기』(九州離島採集記1 · 2, 1936)에 게재했던 것처럼 섬에는 대시류나방[Macro.]은 적을지도 모른다. 이것은 내가 노무라 씨의 논문을 보기 전에 이미 느꼈던 것으로 제주도에 오기 전 이미 울릉도에서 동물을 채집 중이었던 조수 왕 호(王鎬)의 인시류 표본을 보고 의문을 품고 있었다. 그러다 나 역시 제주도에 와서 직접 산누에나방과를 한 마리도 볼 수 없었던 까닭에 의문스러웠다. 그러나 제주농학교(현 제주고등학교)의 표본실에서 산누에나방과를 한두 마리 보았기 때문에 제주도에도 대시류나방이 서식하고 있다는 것은 분명했다. 그러나 표본에서 알 수 있듯이 역시 이 섬에는 대시류나방의 수가 적었다. 그 후 돌아와서 나비류의 표본정리를 마치고서는 마침 그 전날인 10월 17일 배달된 노무라 씨의 별쇄본을 매우 재미있게 읽었다. 이왕 내친김에 덧붙이고 싶은 것은 앞에서 언급한 노무라 씨의 논문에도 나와 있는 얘기지만, 나도 왕 군과 교체로 울릉도에 간 조수 장재순(張在順) 군이 채집한 울릉도산 산제비나비의 치수를 재어보고 멀리 떨어진 작은 섬의 나비는 역시 작다는 느낌을 가졌다. 아니, 이 산제비나비는 확실히 작았다. 그렇지만 한반도 내륙산에도 이보다 작은 개체가 많기 때문에 형을 새로 만들 필요는 전혀 없다. 이상 상당히 주제로부터 벗어나 나방 얘기에서 다른 섬 나비에까지 언급하게 된 점 대단히 죄송스럽게 생각한다. 그러나 서로 연관된 것이니만큼 독자 여러분들이 널리 양해해주셨으면 한다. 제주도에서 우리들은 위의 나방 외에도 파충류, 양서류 등도 채집했으나 여기서는 주로 나비에 대해서만 언급하겠다. 이어서 그 당시의 일기장을 따라가면서 요건만을 보기로 하겠다.

7월 18일(토) 맑음. 어젯밤 기사에게 운전시간 외라는 이유로 일단 거절당했으나 임금을 배로 준다는 조건으로 교섭이 이루어졌다. 이 고마운 시골(그러나 개성부) 택시를 타고 조수로 동행한 동생 주일과 울릉도로 가는 장재순 군, 나 이렇게 세 명이 함께 출발. 몇몇 학생들의 전송을 받으며 오전 5시 10분에 개성을 떠남. 중간에 경성에서 물건을 사기 위해 주일은 하차, 대전에서 나는 호남선으로 갈아타기 위해 장 군과 헤어져 하차, 약 1시간 기다려 승차, 오후 3시 45분 정읍 도착. 정읍에 하차한 이유는 정읍농학교에 분양할 표본을 갖고 왔기 때문으로, 선배인 가와니시(川西) 교장이 역으로 마중을 나와 선배 집에서 1박.

7월 19일(일) 맑음. 오전 7시 7분 정읍 출발, 마침 어제 경성에서 하차했던 주일이가 타고 있었다. 9시 50분 목포 도착. 남쪽 지방 채집을 위해 지난 4월 30일 개성을 출발하여 80일간을 내장산, 백양사, 무등산, 완도, 해남 대흥사, 진도 등지에서 채집을 하고 어제 목포에 돌아왔다는 조수 우종인 군을 만나 셋이서 쾌담. 제주도행 멤버는 이제 다

모였다. 오후 6시 출발인 배가 그 시각까지 입항조차 하지 않아 부두에서 이제저제 조바심을 내며 기다리길 어느덧 밤 1시 반, 마침내 회사 측에서 다음 날 출항을 선언했다. 그 시간에야 여관으로 갔다.

7월 20일(월) 맑음. 짙은 안개. 어제의 배가 아직도 입항하지 않아 목포부립병원의 가미조(上条斎昭) 씨를 만나 곤충 얘기를 나눴다. 오후 1시 30분 드디어 다이세마루(太西丸)가 입항, 2시 30분에 제주를 향해 출항. 이 배는 매우 크면서도 상당히 빠른 속도로 홀수 날 오후 6시 목포 출발, 다음 날 오전 4시 제주 도착, 동일(짝수 날) 오전 9시 제주 출발, 동일 오후 5시 목포 도착, 하루 쉬고 다음 날 홀수 일에 다시 같은 일정을 소화한다. 제주도편은 여수는 물론 몇몇 항구에서도 구할 수 있지만 그다지 편리한 편은 아니다. 교통은 다소 불편하다. 이미 다도해의 대부분을 통과하여 망망대해를 달리고 있던 다이세마루는 오후 6시 30분경 운행 중지했다. 동요하는 승객들을 향해 선장이 말하길 "전방에 보이는 짙은 안개는 오늘 밤 안에 걷힐 기미가 보이지 않습니다. 계속 운행하는 것은 위험하므로 어젯밤과 마찬가지로 해상에서 1박하겠습니다." 십수 년 같은 코스를 왕래해 온 명 선장의 선언에 아무 말도 하지 못했다. 우리들 프로그램은 처음부터 이렇게 빗나가기 시작했다. 더욱이 배 안에 광인이 한 사람 있어 우리들 행장에 관심을 가지는 바람에 우리들은 물론 다른 승객들까지 잠을 자지 못했다.

7월 21일(화) 맑음. 오전 6시 30분경 어젯밤의 짙은 안개도 거의 사라져 배가 다시 움직였다. 구름 탓에 좀처럼 모습을 드러내지 않는다는 한라산의 파노라마를 볼 수 있어 좋은 첫인상을 가지고 오전 11시 제주도에 도착. 실제로 이후 제주를 떠나는 날까지 한라산의 전경을 볼 수 있었던 것은 손꼽을 정도였다. 상륙 후 여관에 짐을 풀고 후루카와(古川) 도사(島司), 하가(芳賀) 농학교장, 다나카(田中) 삼림관리서장을 방문. 다나카 서장은 공교롭게도 출장 중. 하가 교장에게는 마지막까지 여러모로 신세를 많이 져서 감사의 마음을 이루 다 표현할 수가 없다. 오후에는 제주도에 귀향중인 중학생 강문숙(姜文淑) 군의 안내로 부근의 삼성혈을 비롯한 명소구적(名所舊蹟)을 견학하면서 채집을 했다. 진작부터 궁금했던 제주도산 흰뱀눈나비, 남방부전나비를 풍부하게 채집하여 한반도 내륙산과 서로 일치한다는 것을 확인할 수 있어 기분이 좋았다. (돌아와 천천히 조사해봐도 다른 점은 없었다.)

7월 22일(수) 비, 바람, 흐림. 근처에 있는 사라봉, 별도봉을 형식적으로 채집.

7월 23일(목) 맑음. 제주농학교(현 제주고등학교) 졸업생으로 이후에도 며칠 동안 우리들과 함께해준 김영식 군의 안내로 열안지오름(578m, 현 제주시 오라동 위치)으로 채집을 나갔다. 그 오름 아래 계곡에서 왕오색나비 암컷 한 마리를 잡아 매우 기뻤던 일, 정상에서 팬티 한 장 걸친 채 채집하면서 상쾌했던 일 등이 인상 깊었다. 밤에는 하가 교장의 배려로 인부 김용원(金容元)이 오고 내일부터 시작되는 프로그램을 상담.

7월 24일(금) 맑음. 이른 아침 우리들은 인부에게 내일 일을 부탁하고 네 명이 함께 출발. 삼의양오름(575m, 현 제주시 영평동 위치)에서는 어제와 마찬가지로 팬티 한 장 차림으로 실컷 채집하고 관음사에서 묵음.

7월 25일(토) 비. 오늘은 한라산 정상에 오를 예정이었으나 아침부터 내린 비로 포기해야 했다. 아래 해안지대에는 맑았는지 어제 약속한 인부 두 명이 식량 등을 지고 관음사까지 찾아왔다. 하지만 관음사 부근에는 비가 계속 내려 모두 하루 종일 갇혀 있었다.

7월 26일(일) 흐림, 비. 아침에 일어나보니 맑은 하늘은 아니었지만 그나마 비가 내리지 않는 게 다행이다. 올해는 수십 년 만에 찾아온 비가 많이 오는 해다. 그러니 분에 넘치는 얘기는 할 수 없다. 외출하기로 했다. 먼저 인부들을 출발시키고, 우리들 다섯 명(경성의 중학생 한 명 추가)은 채집하면서 천천히 나아갔다. 그쳤다가 내리기를 반복하는 빗속에서 두 차례나 길을 잃어 정말로 고생했다. 이전에 수 차례 오른 적이 있다는 김 군을 믿었건만 오늘같이 구름으로 앞이 보이지 않아 그도 어쩔 수가 없는 모양이다. 우 군과 주일이 그리고 나 이렇게 셋은 몇 해 전에 백두산도 함께 올랐던 멤버인데, 우 군은 어제부터 몸이 아파 쇠약해진 탓인지 백두산의 무두봉(無頭峰)사건(*Zephyrus*, vol. v, p. 264)을 연상하는 듯하다. 그때와 비슷하다며 비명에 가까운 소리를 낸다. 우 군의 몸이 몹시 쇠약해진 모양이다. 그때와 지금은 다르다. 무두봉에서 마을까지 가려면 3일 걸리지만, 제주도에서는 만일의 경우엔 그날 밤에라도 내려올 수 있는 곳이 아닌가? 하지만 두 번이나 길을 잘못 들어 세 번째 길에 들어설 때에는 무척이나 망설였다. 게다가 곧 어두워지려 하고 있었다. 그렇지만 모처럼 나선 외출이라 그런지 이제 와서 내려가고 싶지는 않았다. 네 명의 동의를 얻어 다시 걷기 시작했다. 해는 떨어지기 시작했지만 구름이 흩어지면서 앞이 조금 보이기 시작했다. 제대로 들어선 듯했다. 그러나 산막에 도달하려면 통과해야 하는 조릿대지대 부근에서는 강풍에 금방이라도 쓸려 버릴 것 같아 약간의 위험마저 느꼈기 때문에 모두가 손을 잡고 정상을 넘었다. 날은 이미 저물었다. 틀림없이 산막으로 가는 길이라고 여겨 걷고 있었는데 산막은 여전히 보이지 않는다. 걷기가 힘들었다. 그렇게 시간이 얼마나 지났을까. 선두에 있던 우 군이 "산막이 보인다"라고 외쳤다.

산막에는 인부 김 씨가 다른 한 사람은 돌려보내고 혼자서 밥을 지어놓고 기다리고 있는 것이 아닌가? 아귀가 있다면 우리가 바로 그 모습이었을 것이다. 아귀처럼 우리들은 밥먹기 운동에 전념했다. 통조림 뚜껑을 딸 생각은 하지도 못하고 단무지만 먹었다. 그래도 꿀맛이었다. 일생 동안 이렇게 맛있는 식사는 흔치 않을 것이다. 식후에 총동원하여 땔나무를 가득 모았다. 불을 지펴 젖은 옷을 말리고 채집표본도 정리면서 여섯 명이 난로를 에워싼 채 아세틸렌등 불빛 속에서 함석

지붕을 두드리는 빗소리를 들으면서 앉았다가 누웠다가 얘기를 나누다가 졸기도 하면서 밤을 지새웠다. 이곳이 바로 조선 남단 제주도 한라산 꼭대기의 산막이었다.

7월 27일(월) 흐림, 비, 흐림. 날씨가 나빠 오늘은 모두 산막에 더부살이 하는 것 외에 별 도리가 없다. 오후 한때 비가 그친 틈을 이용하여 의무적으로 채집을 시도했다. 세상에! 예전에 내가 명명하여 발표한 니시(ニシ)가락지장사나비(사실은 가락지장사나비의 원형으로 이에 관해서는 얼마 후 『동물학잡지』에 졸저가 게재됨)와 미이게(ミイケ)부전나비가 있는 게 아닌가? 곧바로 씩씩한 우 군을 불러 이것을 20마리 정도는 잡아야 하지 않겠는가 하고 외쳤다. 비가 내렸다가 그쳤다가 오락가락할 때여서 오히려 잡기 쉬워 약 2시간 채집을 했더니 전체적으로 많이 채집했다. 특히 가락지장사나비는 수백 개체에 이르러 '나비부자'가 된 기분이었다.

저녁이 되면서 서너 명의 새로운 침입자가 생겼다. 우리들만의 밤은 어제로 끝났다.

7월 28일(화) 비, 맑음. 아침에 일어났더니 또 비가 내린다. 오전 9시경에 겨우 그쳤다. 식량도 다 떨어져 어쩔 수 없이 산막을 나와야 했다. 우리 네 명은 어차피 가야 한다면 정상을 넘어 남쪽으로 내려가기로 하고 김 군 일행과 헤어져 정상을 향해 오르기 시작했다. 부근이 가락지장사나비와 미이게부전나비 다산지여서 미련을 남기지 않을 작정으로 천천히 채집하면서 걷기를 약 1시간. 그 사이 날씨는 확 바뀌어 정상에 올랐을 때는 더할 나위 없이 화창했다. 우리들 네 사람은 체념하고 하산했던 김 군 일행이 매우 후회할 것이라고 서로 입에 올렸다. (나중에 제주에 돌아왔을 때 김 군은 실제로 그랬다고 했다.) 지금 오르는 곳은 정상 외륜산의 북측으로 그 남측에는 화구호 백록담이 눈 아래 아름답게 펼쳐졌다. 이 조선 남단의 백록담은 북단 백두산의 천지처럼 웅대하지는 않지만 깔끔한 모습이 눈을 떼기 어렵게 만든다. 백록담에 내려가 수생동물을 잠시 동안 채집. 이번에는 남측의 외륜산을 올라가야만 했다. 산을 오른 지 얼마 지나지 모양이 다른 나비 한 마리가 수상하게 날고 있는 것을 알았다. 열심히 따라가 잡아보니 그때까지 우려하고 있던 산굴뚝나비였다. 이것은 몇 년 전 원병기 군이 채집하여 내가 명명했던 *Satyrus alcyone zezutonis Seok*으로 일본명은 도이(土居 寬暢) 씨가 명명한 것이다. 산굴뚝나비를 잡고 싶은 마음에 부근을 샅샅이 뒤지길 30분. 그러나 더 이상 모습이 보이지 않아 조금 실망한 채 정상을 향해 발을 옮겼다. 그런데 정상에 오르고 보니 산굴뚝나비 같은 것이 많이 날아다니는 것이 아닌가? 잡아보니 틀림없는 그 녀석이었다. 어제의 진귀한 나비 2종을 잡을 때처럼 부지런히 쫓아다녀 여러 마리를 잡았다. 충분히 잡았다고 생각이 들어 다시 걷기 시작했다. 오백나한의 명승지를 통과하여 근처의 표고버섯 산막까지 내려갈 계획이었다. 때마침 우 군이 도시처녀나비 한 마리를 채집한 것을 보니 기뻤다. 안내 겸 인부인 김 씨를 따라 꽤나 돌았는데도 오백나한이 나타나질 않았다. 날도 어두워지기 시작해 카바시마(樺島)씨의 표고버섯

산막을 찾아 내려갔다. 제주도 채집여행에는 이와 같은 표고버섯 재배 산막을 의지하여 걷는 게 좋다. 그러나 산막의 위치는 5만분의 1 지도에 표시된 것과는 달리 훨씬 높은 곳에 위치해 있다. 왜냐하면 산 밑에서부터 표고버섯 재배용으로 사용되는 서어나무를 베면서 점점 높은 곳으로 올라오기 때문이다. 오늘 밤은 산막이라 하기에는 너무나도 멋있는 방에서 재워줘 고마웠다. 이것저것 성가신 일도 있었지만 모든 사람이 친절하게 대해줘 불편함은 그다지 느끼지 못했다. 또한 다른 곳에서 만난 사람들도 대부분 친절해서 정말로 제주도는 따뜻한 섬이라는 생각이 들었다.

7월 29일(수) 흐림, 비. 아침식사 후 일행은 다시 오백나한을 찾아 나섰다. 반리정도밖에 가지 못했는데 서투른 안내와 내리는 비로 아무런 수확도 없이 다시 가바시마 씨 산막으로 돌아와 종일 내리는 비만 보고 있어야 했다.

7월 30일(목) 비, 맑음. 오백나한으로 가는 길은 상당히 난코스인가 본다. 아침에 비만 내리지 않으면 가바시마 씨 댁 인부에게 안내를 받기로 어젯밤 그와 의논을 해두었는데 아침에 눈을 떠보니 여전히 비는 그치지 않고 있다. 그에 따르면 이 비는 산중턱 위쪽에만 내리고 있으며 하루 이틀 사이에 그칠 기미는 보이지 않는다고 한다. 우리는 오백나한을 통과하여 서쪽으로 산중턱을 일주하는 코스는 뒤로 미루고 일단 하산하기로 결정하고 가랑비가 내리는 가운데 출발했다. 그의 말처럼 산록부터는 맑은 하늘이었다. 저녁 무렵 서귀포에 도착할 때까지는 도중에 약간 채집도 했고 고생도 했다. 은줄표범나비의 다수를 채집한 일, 청띠제비나비 한 마리가 하늘 높이 날아가고 있는 것을 보고 조금 무모한 추적을 했던 일, 서투른 안내로 인해 벼랑 아래로 떨어졌던 일, 다행히 다치지는 않았지만 약품을 약간 파손했던 일 등이 기억에 남아 있다. 밤에 그곳 농업실수학교 교원 모리야마(森山實治) 씨를 방문하여 다음 날부터 이어지는 프로그램을 상담.

7월 31일(금) 맑음. 아침에 먼저 모리야마 씨에게 안내받은 아직 채집하지 않은 청띠제비나비의 군락지라고 불리는 근처의 거지덩굴과 환삼덩굴 군락지에 갔다. 그곳에서 세 사람이 한 시간 정도에 15~16마리나 되는 청띠제비나비를 채집했다. 그만큼 잡아버렸으니 군락지의 나비 수가 줄어든 듯 나비들도 더 이상 모습을 보이지 않는다. 그것으로 그날의 나비채집을 끝냈다. 그 후에도 가끔 군락지를 찾아가 보았지만 그다지 채집하지는 못했다. 군락지를 나와 건너편에 있는 섶섬에 가기 위해 모리시마 씨의 안내를 받아 보목리에 갔다. 하지만 조석간만의 관계로 도저히 건널 수 없다고 하여 할 수 없이 단념하고 서귀포로 돌아가기로 했다. 점심도 먹고 해안 부근에서 채집도 하면서 돌아왔다. 해안의 순비기나무군락에서는 제주도꼬마팔랑나비를 많이 채집했다. 또 걷는 도중에는 앞에서 말한 신아종 제주도부전나비를 채집했다. 이 나비를 채집했을 당시에는 한반도 대륙산 부전나비와 같은 것으로 생각하여 채집종이 지금 한 종류 늘었다는 것만을 기뻐

했다. 그런데 그것이 이번 여행 중에 얻은 유일한 새로운 사실이라고 생각하니 새삼스레 유쾌해진다.

8월 1일(토) 비. 종일 여관에 틀어박혀 있었다.

8월 2일(일) 비, 흐림, 비. 궂은 날씨가 이어져 어쩔 수 없이 인부 김 씨를 돌려보내고 짐 일부는 여관에 맡긴 채 서쪽으로 출발하기로 했다. 버스로 덕수리까지 와 산방산에서 채집을 시도해보았다. 보기에는 산방산이 그리 높지 않아 처음부터 너무 쉽게 생각해 순서대로 길을 찾지 않은 탓에 정상까지 가는 데 무척 애를 먹었다. 비가 올 것 같아 하산하는 도중에 거의 우 군 혼자서 5~6마리의 청띠제비나비를 채집했다. 하산하자마자 바로 비가 쏟아져 채집품만 젖지 않도록 챙겨 세 사람은 마라톤. 모슬포까지 2리 정도나 더 가야 하고 도중에 사계리도 있지만 어차피 젖은 바에 좀 더 큰 마을에 가자고 생각하여 모슬포행을 서둘렀던 것이다.

8월 3일(월) 비, 흐림. 어제 도착한 지역의 주재소장인 스기야마(杉山幸一) 씨와 상담했다, 계획했던 마라도행은 바람으로 보류해야만 해서 근처를 산책하는 것으로 대체하였다. 부근에는 채집할 만한 장소는 전무했다. 채집하기에 산방산만큼 적당한 장소는 없는 것 같다.

8월 4일(화) 흐림, 폭풍. 주재소에는 아침부터 폭풍경계 표시가 걸려 있다. 물어볼 필요도 없이 마라도행은 단념하고 스기야마 씨에게 인사하고 한림으로 향하는 버스를 탔다. 한림도 별다른 것이 없는 곳이어서 다음 버스를 타고 제주읍으로 향함.

8월 5일(수) 비, 흐림. 비로 인해 다시 움직일 수 없었음.

8월 6일(목) 흐림, 맑음. 아침에 먼저 다나카(田中勇) 씨를 방문하고 산중턱 일주 코스를 상담하여 지도 작성. 오늘부터는 좋은 날씨가 예상되어 아침부터 기뻐하고 있을 때였다. 일행 중 한 명인 주일이가 발병한 것 같아 휴양을 위해 이 곳 도립의원에 입원시켰다. 남은 우리 두 명은 인부 김 씨와 함께 서둘러 자동차를 타고 관음사로 떠났다. 지난 번 등산 때 길을 헤매다 들어간 곳에서 넉넉하게 채집했다.

8월 7일(금) 맑음. 오늘은 새로운 임도에서 채집했다. 나비종류와 개체수가 풍부하고 채집하기도 쉬운 장소였다. 채집한 여러 종류의 나비들 중에서도 나를 가장 기쁘게 한 것은 푸른큰수리팔랑나비였다. 이 나비는 상당히 채집하기 어려운데, 오늘 10마리나 잡은 것이다. 세계적 기록이었다. 오후 2시쯤, 세월(洗越: 하천을 건너기 위해서 놓았던 작은 다리) 12호를 건너다가 옆을 보니 하천바닥에 검은색의 커다란 무엇인가가 덩어리를 이루고 있는 게 아닌가! 자세히 봤더니 나비무리였다. 동작이 민첩한 우 군은 벌써 나비무리 곁으로 건너가 포충망을 휘두르고 있었다. 카메라를 휴대하지 않은 게 유감이었다. 어쩔 수가 없다. 조심해서 망을 휘둘렀다. 이때만큼은 훨씬 큰 망이었으면 좋겠다는 생각을 한다. 그건 그렇고 우 군의 망 속에는 과연 몇 마리나 들어 있을까? 처음부터 망에 들어가지 않고 도망친 것 4~5마리, 망 속의 것을 죽이는 사이에 놓친 것 두 마리를 제외해도 제비나비 수컷 19, 긴꼬리제비나비 수컷 16마리로 합계 35마리가 우 군의 포충망 속에 들어 있었다. 이만큼의 대형 나비를 한 망에 35마리씩이나 잡은 것은 전무후무할 것이다. 이 점에서 우 군은 단연 세계최고기록 보유자인 셈이다. 몇 년 전 내가 백두산에서 한 망에 지옥나비류 54마리를 한 번에 잡은 일이 있었는데, 숫자에서는 앞선다고 해도 상관적으로 생각하면 우 군의 제비나비들이 단연 수상감이다. 이 기념비적인 장소를 떠나기 전에 이유를 밝히려 나비떼가 있던 장소를 조사해봤으나 별다른 점은 없었고 유일하게 암모니아 냄새가 날 뿐으로, 그 냄새의 주인공은 근처에 방목중인 우마임이 분명하다. 이것으로 나도 시라키(素木)식 소변채취법(*Zephyrus*, vol. vi, p.386)의 진미를 알게 되었다. 천천히 채집하면서 내려오다가 오후 5시쯤에는 적당한 표고버섯 재배 산막에 묵을 계획이었다. 그러나 우리의 길 안내자인 김 씨가 지난번처럼 어처구니없는 곳으로 데려가버려 길을 헤매기 시작했다. 그 바람에 저녁도 먹지 못하고 날도 저물어 결국에는 야간채집용 아세틸렌등 불빛에 의지하면서 걷기를 계속하여 밤 10시 반에야 겨우 서귀포 근처의 산림회사택에 도착했다. 주임 무라이(村井勝) 씨 부부에게 신세를 졌다.

8월 8일(토) 흐림. 쥐오름에서 채집. 결과는 제로. 서귀포로 내려옴.

8월 9일(일) 흐림, 맑음. 오늘부터 드디어 산중턱 일주에 나서기로 했다. 그러나 얼마 가지도 못했는데 우리의 안내자 그 김 씨가 또 길을 잘못 들어선 것 같았다. 게다가 우 군까지 발병했기 때문에 계획을 중지하고 서귀포로 다시 돌아와 차후 방안을 강구했다. 김 씨는 길 안내 겸 인부로서 선발되어 비교적 많은 임금을 받는다. 그런데도 최근 경험에서 그가 우리의 길 안내자로는 적합하지 않다는 결론을 내리고 추후의 불안도 크고 해서 그를 해직시켰다. 우 군은 이미 4월 말부터 여행을 시작한 만큼 장기간 여행에 몸이 약해진 모양이다. 휴양이 필요할 것 같아 우 군은 여관에 남기로 했다.

8월 10일(월) 구름, 맑음, 바람. 우 군의 상태도 나쁘지는 않은 듯하다. 나는 혼자서 무료함을 달래던 중, 우리들이 예전에 가려다가 실패했던 마라도행이 떠올라 혼자서 가보기로 결심하고 바로 버스를 탔다. 버스 안에서 우연히 나처럼 채집을 하려 섬을 찾은 경성여자사범학교 구리하라(栗原) 씨를 만나 모슬포까지 동행. 곧바로 해안으로 갔더니 마침 가파도행 작은 배가 있어, 먼저 가파도부터 가기로 했다. 가파도는 마라도로 가는 중간에 위치한 섬으로 부근에는 물결이 세서 섬에 가는 배편을 구하기가 힘들다. 지난 번 마라도행을 계획할 수 있었던 것도 상당히 큰 발동선 한 척을 구할 수 있었기 때문이었다. 별도의 배편이라고 하는 것은 한 달에 몇 번 마라도 등대에 식량을 공급하는 운반선 정도라고 한다. 마라도에는 인가가 약 30호, 가파도에는 섬이 좀 커서인지 인가가 170여 호. 인가가 많은 덕택에 마라도보다 교통이 조금 편리하다고는 하나, 그 교통이라는 것도 가파도 주민들이 왕래에 이용하는 작은 범선을 말한다. 나도 작은 범선을 타고 모슬포-가파도를 왕래하였다. 그 경험에 대해서 말해둔다. 웬만한 사람이 아니고서는 그 작은 범섬을 탈 수 없다고. 각설, 구리하라 씨와 헤어져 나는 작은 범선에 몸을 의탁하여 가파도에 건너갔는데 파도가 얼마나 센지는 두말할 필요가 없다. 비명을 질러댔다. 가파도에 상륙하고서도 바로 걸을 수가 없어 부두에 잠시 동안 누워 쉰 후 기운을 차리고 구장인 허치현 씨를 방문. 그리고 가파도에서 유일한 학원 신유의숙(辛酉義塾) 교원 문시욱(文始旭) 씨를 방문했고, 숙박할 곳이 없는 곳이라 문 선생님 댁에 신세를 지기로 했다.

8월 11일(화) 맑음, 바람. 맑아도 바람이 세어 마라도행 배가 뜨지 않았다. 섬 전체를 뒤져 인가 근처에서 배추흰나비 네 마리와 바람이 불지 않는 북측 해안 근처에서 남방부전나비와 먹부전나비를 많이 채집했다. 특히 먹부전나비가 많이 있는 것이 흥미로웠다. 제주본섬에도 별로 채집하지 못했고, 다음 날 송악산 부근에서는 먹부전나비를 구경조차 못했다. 이유가 무엇인지 모르겠다. 나비로서는 그들 3종을 채집한 것이지만 그 3종의 나비는 가파도의 전체 나비상을 대표하는 것이리라. 원래 가파도는 작은 언덕조차 없는 전체가 평면인 작은 섬으로 처음으로 개척된 것은 지금으로부터 약 80년 전이라고 한다. 그 후 개간되어 지금은 섬 전체가 농지로 나무는 한 그루도 없고 잡초도 거의 없다고 할 정도이며, 바람이 세기 때문에 앞에서 언급한 3종의 나비도 그 운명이 길지 않을 것으로 볼 수 있다. 내가 채집한 이 3종 나비는 나중에는 기념물이 될지도 모른다. 이 때문에 더욱 남쪽 섬 마라도에 가고 싶은 마음이 간절해졌다. 하지만 불고 있는 바람은 마라도는커녕 본섬으로 돌아가는 것마저 허락하지 않는다. 배삯을 아무리 많이 준다고 해도 배는 나갈 수가 없고, 하는 수 없이 가파도에서 1박을 더 해야 했다.

8월 12일(수) 맑음, 바람. 이른 아침 아직 자고 있는 나를 흔들어 깨우는 자가 있다. 잔잔해져서 출항이 가능해지면 잊지 말고 본섬으로 가는 배를 태워달라고 어제 뱃사람에게 부탁해놓았더니 그는 지금이야말로 좋은 기회라면서 지금 이 기회를 놓치면 오늘 중에 다시 돌아갈 수 없을 거라며 나를 깨워주었던 것이다. 허둥지둥 짐을 꾸리고 해안가로 나갔을 때는 이미 10명 정도를 태우고서 나를 기다리고 있는 작은 배가 있었다. 아직 날이 채 밝지 않아 어두침침한 가운데 뱃사람들에 떠밀려 파도가 센 바다로 나가는 것은 실로 불유쾌한 것이다. 마치 지옥으로 떠밀리는 기분이다. 이미 열 명이나 타고 있다. 목숨이 아깝지 않은 사람이 어디 있으랴. 나도 승선을 했고 바로 드러누웠다. 친절한 문 씨 부부의 배웅을 받고 중간에 다소 난관은 있었지만 무사히 모슬포로 돌아올 수 있었다. 마라도에 가려고 두 번이나 모슬포에 갔지만 가파도까지밖에 갈 수 없었던 것은 안타깝지만 어찌 보면 다행이기도 했다. 서귀포에서는 이미 우 군이 건강을 회복해 있었고 영림서장 안자이(安西) 씨를 방문하여 상담. 아리키(有木正雄) 씨에게 안내를 받아 그 후 산중턱 일주 코스에는 별 문제가 없었다. 안자이 씨에게는 전후 수차례 걸쳐 여러모로 신세를 많이 져서 어떻게 다 감사의 말을 전해야 할지 모르겠다.

8월 13일(목) 흐림, 비. 짐 일부를 우편으로 부치고 일부는 여관에 맡겼기 때문에 아리키 씨 배낭은 비교적 가벼워져서 편하게 되었다. 우 군, 아리키, 나 세 사람은 서귀포를 나와 서홍리, 생물골(生水洞), 왕벚나무 원산지를 지나 강응정(康應政) 씨 표고버섯산막에 도착했다. 비를 맞으며 채집하는 가운데 잎사귀 뒤쪽에 앉아 있는 푸른큰수리팔랑나비를 잡을 수 있어 기분이 좋았던 기억이 아직도 남아 있다. 젖은 옷을 말려주는 등의 도움을 주신 강응정, 강군평(姜君平) 두 분의 호의감도 또한 잊을 수가 없다.

8월 14일(금) 흐림, 비. 오백나한 아래를 지나 김남천(金南天) 씨 표고버섯 산막까지 가는 코스였으나 흐린 날씨로 방향을 완전히 잃어 오백나한이 나오지 않는다. 다소 어려움을 느껴 오백나한은 단념하고 김남천 씨 댁을 겨우 찾아서 도착할 수 있었다. 비오는 날 인가가 없는 곳을 걸어 목적지를 찾아가는 것은 결코 쉬운 일이 아니다.

8월 15일(토) 비, 맑음, 비. 비가 내려 움직이지 못하고 있다가 오후 한때 갠 틈을 이용, 잠시 채집을 나가보았다.

8월 16일(일) 비. 우 군은 등에 종기가 생겨 병원에 가야만 했다. 이제 며칠 남지 않았기 때문에 비가 그치기를 기다릴 수만도 없다. 빗속 행군이다. 다행히도 김남천 씨도 제주읍에 갈 일이 있어 네 명이 함께 움직이게 되었다. 도중에 내(하천)을 만나 고생하기를 수차례, 특히 한 번은 도저히 건너지 못할 것 같은 상황이었다. 조금 완만한 하류를 찾아 길을 많이 돌아서 건너보려고 했으나 이 또한 너무 깊고 급류였다. 할 수 없이 네 명이 서로 어깨동무하여 가슴 위까지 오는 내를 건넜다. 귀중품은 배낭에 들어 있었기 때문에 큰 피해는 없었지만 채집 용구 및 입은 옷은 비참함 그 자체였다. 이것은 채집여행에서는 결코 있을 수 없는 탐험여행체험이었다. 잠시 걸어 내려와 김 씨와 우 군은 제주읍으로, 나와 아리키 씨는 관음사로 각각 헤어졌다. 오늘까지 하면 관음사에 오는 것이 벌써 세 번째다.

8월 17일(월) 구름, 맑음. 아침 하늘은 흐리지만 차차 날씨가 맑아질 것 같다. 처음에 세 명이 입도하였으나 지금까지 채집을 계속하고 있는 사람은 나뿐이다. 게다가 더 이상 시간이 없다. 다소 늦긴 했으나 최소한 남은 코스를 걷는 것만으로도 만족한다. 그런데 역시 애쓴 보람이 있었다. 관음사를 나와서 바로 옛길로 들어섰는데 그것에서 첫 애물결나비 한 마리를 채집할 수 있었다. 성널오름(성판악) 서쪽에 올라와서는 밑에 펼쳐진 천연정원을 보면서 잠시 쉬었다. 내가 휴식을 취하고 있을 때 아리키 씨가 제주왕나비 한 마리를 채집하였다. 매우 기뻤다. 왜냐하면 제주도에서는 희귀개체도 아닌 제주왕나비를 아직

한 마리도 잡지 못해서 비관하고 있었기 때문이다. 그리고 어젯밤에는 그에게 제주왕나비의 형태 및 생태를 설명해주면서 길을 걸을 때 잘 살펴보라고 부탁까지 해두었다. 이번 여행 중 유일한 개체인 제주왕나비를 아리키 씨가 잡다니. 재미있다. 아리키 씨의 운이 좋은 것 같아 그 운을 기대하면서 그에게 포충망을 권했다. 강문옥 씨 표고버섯산막에 도착한 것은 오후 4시경이었을 것이다. 오늘은 채집품도 많았고 날씨도 좋았다. 숙소에 도착한 것도 이른 시각으로 오랜만에 기분 좋은 날이다. 마침 강 씨와 공동경영자의 아들로 경성배재고보 5학년 학생인 고택구(高宅球) 군이 있었는데, 친절하게 대해줘서 매우 기뻤다.

8월 18일(화) 맑음. 고 군 집에서 횡단도로, 즉 새로운 임도로 나갔다. 어젯밤에는 아리키 씨에게 먹그림나비와 물결부전나비를 설명해주었다. 제주왕나비를 잡은 행운이 따르기를 기대하면서. 이 임도는 어제처럼 무언가 수확이 있을 것 같은 장소였다. 그리 걷지도 않았는데 길 옆 교목 가지 끝에 먹그림나비 한 마리가 앉아 있는 것이 보였다. 돌멩이를 던지는 것은 위험하므로 그 나무 아래에서 서서 상황을 보고 있었다. 그때 나보다 열 걸음 정도 앞에 서 있던 아리키 씨가 자기 옆에 쓰러져 있는 나뭇가지에 먹그림나비가 앉아 있다고 알려왔다. 아리키 씨와 서로 위치를 바꿔 가봤더니 정말로 수액을 빨고 있는 먹그림나비 한 마리가 여러 마리의 청띠신선나비 등과 섞여 있는 게 아닌가? 조심해서 망을 휘두른 후 지면에 엎드려 확인해보니 망 속에는 세 마리의 나비가 파닥거리고 있다. 첫 번째 개체는 청띠신선나비, 두 번째도 마찬가지 청띠신선나비, 걱정스럽게 세 번째 개체를 봤더니 이것은 바로 목표물인 먹그림나비였다. 기대하던 것이 이루어져서 참 기뻤다. 그 사이에 앞서 말한 교목의 먹그림나비는 날아가버렸지만 기다리고 있으면 다시 잡을 가능성도 있어 좀 더 힘을 내기로 했다. 청띠신선나비는 계속 날아온다. 처음에는 부지런히 잡기 시작하여 열 몇 마리쯤 채집했으나 청띠신선나비의 수를 너무 줄이면 먹그림나비가 오지 않을 것 같아 청띠신선나비의 채집은 중지했다. 부근에서 약 두 시간 기다렸지만 먹그림나비는 다시 모습을 보이지 않는다. 할 수 없이 단념하고 걷기 시작했다. 노상에 말똥 위에 한 종 또는 여러 종의 호랑나비, 제비나비, 긴꼬리제비나비 그리고 남방제비나비가 3~4마리 혹은 5~6마리 무리를 지어 앉아 있었다. 한 차례 휘두른 포충망에 호랑나비, 제비나비, 긴꼬리제비나비의 각 수컷 2, 남방제비나비 암컷 1, 총 일곱 마리가 들어 있기도 했다. 내가 그것들을 포장하고 있는 사이에 아리키 씨는 처음 먹그림나비를 잡았던 곳을 살펴보러 길을 되돌아갔다. 실제로 그 사이에 걸어온 거리는 얼마 되지 않아 그 정도 돌아간다 해도 그다지 어려운 건 아니었다. 그곳에 가서 살펴본 아리키 씨는 먹그림나비가 두 마리 있다는 신호를 보내는 게 아닌가? 내가 무척이나 잡고 싶었지만 내 손으로 직접 잡지 못한 먹그림나비, 바로 뛰어갔다. 가보니 수십 마리 무리 속에 먹그림나비가 두 마리가 양쪽 끝에 한 마리씩 앉아 있었다. 그런데 두 마리긴 했지만 서로 떨어져 있어 한 망에 두 마리를 잡는 것은 불가능해 보였다. 그렇지만 심기일전하고서 수액을 빠는데 정신이 팔린 그들에게 망을 가져갔다. 채를 휘둘러 땅에 갖다 댄 후 엎드려서 보니 망 속에 세 마리가 들어 있다. 틀림없이 먹그림나비가 한 마리는 들어 있을 거라 생각하면서 살펴봤더니 첫 번째가 먹그림나비, 두 번째는 청띠신선나비, 세 번째가 또 먹그림나비였다. 먹그림나비가 두 마리나 들어 있다. 정말 엄청나게 기뻤다. 물론 이것은 기뻐할 만한 일이기도 했다. 먹그림나비는 더 이상 오지 않을 것이다. 그런데 다시 걷기 시작한 지 얼마 안 되어 먹그림나비가 또 한 마리 앉아 있는 것이 보였다. 곧바로 휘둘렀는데 놓쳤고 다시 그 위에 있는 큰 나뭇가지 끝에 앉았다. 아래서 아무리 기다려도 내려오지 않아 넉살좋게 다시 먼저 잡았던 장소에 가 보았다. 이번에는 청띠신선나비조차 한 마리도 보이지 않았다. 다시 걷기 시작해 방금 놓친 그 자리에 도착했더니 바로 그 먹그림나비가 내려와 앉아 있는 게 아닌가? 이번에 다시 놓치면 매우 부끄러운 일이라고 생각하면서 신중하게 채를 휘둘러 무사히 네 마리째의 먹그림나비를 잡을 수 있었다. 어제까지는 한 마리도 잡지 못했던 먹그림나비를 하루에 그것도 네 마리씩이나 한꺼번에 잡으리라고는 생각도 못했는데, 통쾌한 일이다. 그리고 그 후 도요시마(豊島), 고노(河野), 한두만(韓斗滿), 고지마(小島) 씨 등의 모든 표고버섯 재배장을 지나 저녁 6시 반 부명선(夫明宣) 씨 표고버섯산막에 도착하기까지는 별다른 수확이 없었다.

8월 19일(수) 맑음. 부명선 씨 댁에서 극진한 대접을 받았다. 그곳을 나와 쌀오름(미악산, 563m)에 가서 채집했다. 정상에는 제비나비, 산제비나비 등이 떼를 지어 날아다니고 있었다. 여러 종을 많이 채집했는데 가장 큰 것을 그 오름 정상에서 잡을 수 있었다. 그것은 암붉은오색나비 수컷 한 마리로 뒷날개가 많이 찢어져 있던 탓인지 내 열의를 다해서 잡아서인지 채집은 그리 어렵지 않았다. 무엇보다 이 나비가 우리나라 기록에 없는 것이어서 기뻤다. 청띠제비나비도 채집했지만 그것을 잡기 위해 흰 셔츠를 벗어 반나체가 되기도 했다. 이 종도 역시 흰색은 경계하는 모양이다. 그리고 각수암, 서호리를 거쳐 서귀포에 도착한 것은 밤 9시쯤이었다. 늦은 시간임에도 불구하고 안자이 시와 내일 아침 일정인 섶섬행을 의논했다.

8월 20일(목) 맑음. 안자이 씨의 도움으로 발동선을 한 척 빌려, 안자이 씨의 친구 오가타(緒方) 씨, 아리키 씨, 그리고 나 이렇게 셋이 동행. 섶섬에서 채집한 종류는 제비나비, 청띠제비나비 여름형, 푸른부전나비, 남방부전나비 등 2과 4종이다. 지세도 험준하고 나비는 특이성도 없어 채집지로서는 좋지 않다. 오후 2시경 서귀포로 돌아왔다. 네 번이나 온지라 정이 든 서귀포, 그리고 일주일이나 조수로 일해준 아리키 씨와도 헤어져 나는 혼자서 오후 3시발 버스로 성산포로 향했다. 성산포에서 1박.

8월 21일(금) 맑음. 아침 성산포를 둘러보며 채집도 하였다. 버스로 성산포를 출발하여 제주읍으로 향했다. 제주읍에 와보니 주일이는 이미 귀향했고 우 군은 건강을 회복하여 내가 돌아오기를 기다리고 있었다. 내일 아침은 출발하는지라 여기저기 인사하러 돌아다녔다.

8월 22일(토) 흐림. 아침 9시 출발 다이세마루(太西丸)를 타고 제주도를 떠났다. 오늘로 우리들은 제주도 여행과 작별을 고했다. 33일간 제주도에서 채집활동을 하면서 얻은 점(채집에 능률을 올릴 수 있는 점)을 다음 세 가지로 요약해본다.

1. 제주읍에서 출발하여 관음사. 산막, 정상, 고지마(小島) 또는 가바시마(樺島) 표고버섯 산막을 지나 서귀포로 내려가고, 다음으로는 서귀포를 출발하여 횡단도로를 걸어 제주읍으로 돌아오는 코스로 채집하는 것. 이 코스를 걸으면서 성실하게 채집한다면 제주도 각지를 구석구석 걸어서 채집하는 것보다 낫다고 본다.

2. 제주도 해안도로를 일주할 필요는 전혀 없다.

3. 마라도는 조선 남단이므로 조사할 필요가 있다고 생각된다.

다이세마루가 목포에 도착한 것은 오후 5시 반. 배가 상당히 흔들렸던 만큼 상륙하여 기뻤다. 목포부립병원 가미조(上条) 씨가 마중을 나와주었고 또한 오후 7시 40분 목포발 배웅도 해주었다.

8월 23일(일) 맑음. 오전 9시 44분 우 군과 둘이서 개성에 무사히 도착.

고찰

제주도산 채집 나비 총목록은 다음과 같으며, 나는 그것에 대한 지리적 고찰도 두세 가지 기록이 있으나 그것은 훗날 조선 전체에 대한 것을 논해야 할 때 전부를 할애하고 여기서는 다만 아래의 총목록만을 보면서 특별히 고려해야 할 점만을 논하고자 한다.

1. 제주도 고유종은 산굴뚝나비(*Satyrus alcyone zezutonis Seok*)와 제주도부전나비(*Lycaena argus zezuensis Seok*)이다.

2. 남방계의 암붉은오색나비, 제주도꼬마팔랑나비 등과 북방계의 가락지장사 등이 태어난다는 것은 매우 흥미있는 것으로 특히 그 북방계 두 종이 한라산 정상부근에만 한정되어 있는 것은 제주도와 대륙으로 이어진 조선반도와의 깊은 관계를 암시하는 것이라 생각된다.

3. 제주도왕자팔랑나비(*Daimio sinica moorei* Mabille)는 상당히 많이 채집했지만, 이것은 그 외에 중국 사천성(泗川省)에서 기록되고 있는 만큼 대단히 흥미를 불러일으키는 것이다.

4. 남방제비나비, 청띠제비나비, 암끝검은표범나비, 제주도꼬마팔랑나비 등의 남방계가 특히 남쪽에 많은 것을 보면 이미 여러 논자에게도 인정받고 있는 것처럼 남쪽이 북쪽에 비해 기상학상 보다 남방형을 띠고 있기 때문일 것이다. 암붉은오색나비도 남쪽에서 잡힌 것이다.

- 1936년 11월 24일 개성에서

제주도의 나비*

석주명

제주도는 특수한 섬이니만큼 여러 분야의 인사가 검토한 바 적지 않지만 아직 연구의 자료가 미착수(未着手)대로의 것이 매우 많다. 자연과 인문을 통해서 제주섬은 실로 보물섬이고 현재로는 시국(時局)이 중요한 섬으로 되어 있다.

필자는 이 제주섬과 무슨 인연이 있었던지 1936년에는 1개월 남짓 조사를 한 바 있었는데 또 지난해(1943년)부터는 이 섬에 와서 생활하게 되었다. 반도(半島)를 이곳에서는 육지라고 부르는데 우리 육지 출신으로는 섬 생활이 불편한 바 많으나 자연과학자의 한 사람으로서 이 섬의 사계절을 생활하는 것을 실로 행복이라고도 할 수 있다. 다시 못 얻을 기회로 알고 필자는 자기의 전문 분야 외에도 될수록 넓게 손을 대서 제주섬의 진상을 구명하기 위하여 노력하였더니 요즘에는 제

* 이 글은 「濟州島의 蝶類:국립과학박물관동물학부연구보고」, 제2권 제2호, 1947에 실려 있고, 『제주도 자료집』에 「제주도의 나비」, 『석주명 나비채집 20년의 회고록』에 「제주도의 접류」라는 제목으로 각각 실려 있으며, 여기서는 후자를 토대로 하였다.

주섬의 진상이 차차 눈앞에 나타나는 것 같다.

지금 여기에는 먼저 필자의 전문인 나비에 대해서 소개하려 한다. 제주섬 나비를 조사 발표한 인사에는 1906년 이치카와(市河三喜) 박사, 1924년 오카모토(岡本幸次郎) 박사 및 1937년 석주명의 세 사람이 있다. 그러나 그 셋의 조사는 한 계절에 불과해서 이를 총합한데도 대수롭지 않고 그중에는 오히려 학계에 누를 끼치는 자료를 포함한 것조차 있다. 그러나 과거의 문헌을 간과할 수는 없는 일인고로 지금 그러한 문헌을 참고하고 최근 필자의 조사를 토대로 여기 제주섬의 나비를 논하려고 한다.

제주도의 나비로 필자가 채집한 것은 7과 65종인데 그밖에 문헌에 기재된 것이 24종이 또 있다. 그러나 이 문헌에 있다는 24종은 대부분 신용하기 어려운 것들이고 그중 16종은 분명 잘못 기록된 것들이다. 결국 문헌에 기재되어 있고도 필자가 아직까지 채집하지 못한 것은 여덟 종에 불과한데 이 중에도 의심되는 것이 있다. 그러나 이 여덟 종이 제주섬에 태어난다 하더라도 지극히 희귀한 종류들뿐이겠으니 제주섬으로 논할 자료는 못 될 것이다. 제주섬의 자연의 자태를 파악하려면 필자의 채집한 것 가운데 비교적 풍부한 56종만을 취급할 수밖에 없겠다.

제주섬은 타원형으로 되어 있고 섬이라고는 하지만 산록(山麓)이 크고 넓어서 하나의 산, 즉 한라산일 뿐이다. 하나의 섬이 해발 1,950미터의 높이를 가졌으니 한라산을 등산하는 것은 규슈지방의 나가사키부근에서 출발하여 함경북도 개마고원까지 여행하는 것과 흡사한 것으로 이 섬, 즉 한라산의 동식물의 분포상태는 실로 재미있는 것이라고 할 수 있다.

필자의 채집품 중 우연하게 태어났거나 지극히 희귀한 것들을 제외한 56종이 제주섬에 분포하는 상태를 밝히기 위하여 지금 필자의 기록에서 채집지점들을 총괄하여 다음과 같이 분류한다.

1. 전도에서 태어나는 종류(15종)

제주왕나비, 흰뱀눈나비, 은줄표범나비, 긴은점표범나비, 들신선나비, 작은멋장이, 큰멋장이, 줄흰나비, 제비나비, 산제비나비, 산호랑나비, 긴꼬리제비나비, 활나비, 유리창떠들썩팔앙, 제주도꼬마팔랑나비

2. 산지성(山地性)의 종류(12종)

A. 정상에서도 잡을 수 있는 종류

1. 1,800m 이상 : 산굴뚝나비, 산부전나비, 꽃팔랑나비
2. 1,500m 이상 : 가락지장사
3. 1,400m 이상 : 조선뱀눈나비, 눈많은그늘나비
4. 1,000m 이상 : 큰녹색부전
5. 500m 이상 : 먹그늘나비, 은점표범나비, 검은테떠들썩팔랑

B. 정상에서는 잡을 수 없는 종류

1. 1,400~1,000m : 도시처녀
2. 1,000~200m : 제일줄나비

3. 해안성(海岸性)의 종류(29종)

1. 1,400m 이하 : 굴뚝나비, 부처사촌, 물결나비, 암끝검은표범나비, 흰줄표범나비, 암검은표범나비, 애기세줄나비, 청띠신선나비, 담흑부전나비, 노랑나비, 푸른큰수리팔랑나비
2. 1,000m 이하 : 왕은점표범나비, 푸른부전나비, 남방부전나비, 극남부전나비, 남방노랑나비, 남방제비나비, 제주도왕자팔랑나비, 줄점팔랑나비, 흰점팔랑나비
3. 700m 이하 : 홍점알락나비, 극남노랑나비
4. 500m 이하 : 물결부전나비, 암먹부전나비, 작은주홍부전나비, 청띠제비나비
5. 200m 이하: 남방씨-알붐, 먹부전나비, 배추흰나비

4. 고찰

1. 전도에서 태어나는 15종은 모두 0~1,950m의 어디든지 볼 수가 있는 것으로 생존력이 강대함을 알 수 있겠다.
2. 산지성의 종류는 다시 7, 해안성의 종류는 다시 5로 각각 세분되는데, 그것들을 총괄하면, 1,800m, 1,400m, 1,000m, 700m, 500m, 200m의 6선(線)에 의의가 있는 것으로 고찰했다.
3. 이 6선(線)은 각각 산남북의 차이에 따라 차이가 있는 것이지

만 편의상 1,800m선, 1,400m선, 1,000m선, 700m선, 500m선, 200m선이라고 부르기로 한다.

4. 1,800m선은 정상부를 의미하는 것인데 정상부에는 산굴뚝나비, 산부전나비, 꽃팔랑나비, 가락지장사 등이 살고, 가락지장사는 북측에서는 식초(植草)의 관계 때문인지 1,200m 부근에까지 내려가 있어서 재미가 있다.
5. 1,400m선은 상방(上方)으로부터의 조선뱀눈나비, 눈많은그늘나비 등을, 하방(下方)으로부터의 도시처녀나비, 굴뚝나비, 부처사촌나비, 물결나비, 암끝검은표범나비, 흰줄표범나비, 암검은표범나비, 애기세줄나비, 청띠신선나비, 담흑부전나비, 노랑나비, 푸른큰수리팔랑나비 등을 막는 한계선이다.
6. 1,000m선은 상방(上方)으로부터의 큰녹색부전나비와 도시처녀나비를, 하방(下方)으로부터의 제일줄나비, 왕은점표범나비, 푸른부전나비, 남방부전나비, 극남부전나비, 남방노랑나비, 남방제비나비, 제주도왕자팔랑나비, 줄점팔랑나비, 흰점팔랑나비 등을 막는 한계선이다. 또 이 선은 흰줄나비의 극히 풍산(豐產)하는 선도 된다.
7. 700m선은 하방으로부터의 홍점알락나비나 극남노랑나비를 막는 한계선이다. 또 이 선으로부터 상방에는 흰줄나비가 풍산(豐產)한다.
8. 500m선은 상방으로부터의 먹그늘나비, 은점표범나비, 검은테떠들썩팔랑나비 등을 하방으로부터의 물결부전나비, 암먹부전나

비, 작은주홍부전나비, 청띠제비나비 등을 막는 한계선이다.

9. 200m선은 해안지대를 의미하는 것인데, 상방으로부터의 제일줄나비를, 하방으로부터의 남방씨-알붐, 먹부전나비, 배추흰나비 등을 막는 한계선이다.

10. 이들의 6선은 따로 다음과 같이 표시할 수 있다.

   1,800m선 : 정상선

   1,400m선 : 암끝검은표범나비 한계선

   1,000m선 : 남방노랑나비 한계선(또 남방부전나비, 남방제비나비, 제주도왕자팔랑나비, 줄점팔랑나비 등의 한계선이라고도 할 수 있음)

   700m선 : 극남노랑나비 한계선

   500m선 : 암먹부전나비 한계선

   200m선 : 해안지대선

11. 이상의 6선은 산남북에 따라 적지 않게 차이가 있는데, 나의 나비의 재료와 식물 기타의 자료로 미루어서 나는 별도(別圖)와 같은 분포도를 그려보았다.

12. 제주섬의 여러 부속섬에도 남방부전나비와 노랑나비의 2종이 사니 이 종은 가장 생존력이 강한 종임을 알겠다.

13. 제주섬에서도 더욱 바람이 강한 남쪽 섬들인 마라도, 가파도, 지귀도 등에 본섬에는 매우 희귀한 먹부전나비가 풍부한 것은 주목할 만한 일이다. 더욱이 이 종류는 일본 규슈 등지에도 없고 암부전나비처럼 보편성이 있는 종류도 아닌데 기이하다 아니할 수 없다.

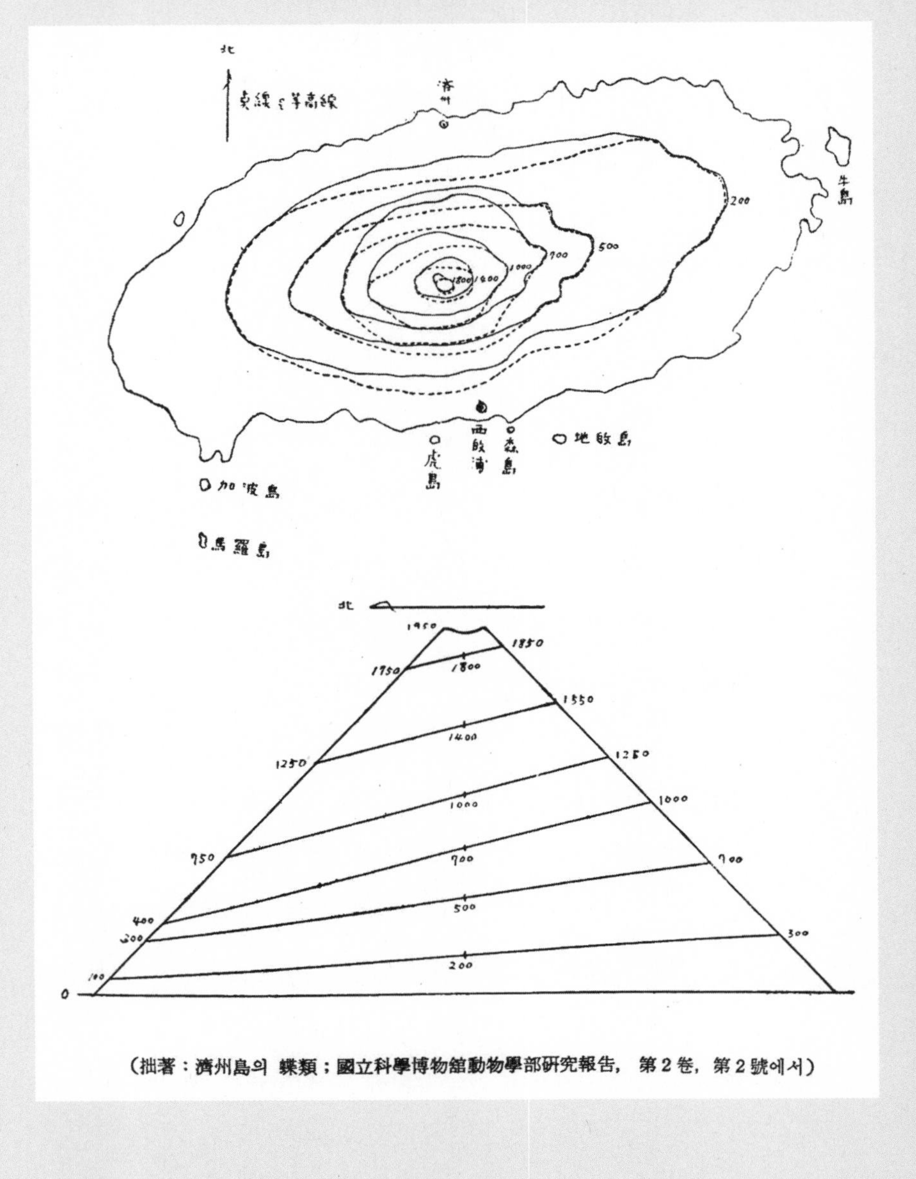

(拙著：濟州島의 蝶類；國立科學博物館動物學部研究報告, 第2卷, 第2號에서)

제주도의 나비분포 한계를 나타내는 6선(線)

제주도의 회상*

석주명

지난 여름(1936년) 나는 1개월 남짓 제주도에서 동물채집여행을 하였는데 그 결과 대부분은 '제주도산접류채집기'라고 하여 『제피루스(Zephyrus)』에 투고했으니 여기에서는 그것과 중복되지 않는 단편적인 단상들만을 적기로 한다.

1. 도시와 마을

도시나 농촌을 막론하고 제주도의 민가를 보면 육지의 해남(海南) 지방의 느낌이 든다. 두 지역 모두 강풍을 피하는 장치가 되어 있기 때문이다. 도시라면 제일 큰 것이 인구 3만 5천여 명의 제주읍인데(진짜 도시는 읍내에서도 성안[城內]뿐이다) 도시 농촌을 막론하고 오사카풍이 많이 들어와 있어 전체적으로는 육지에 비해 오히려 진보된 편이다.

* 원래 일본어로 「濟州島ひ思ひ出」, 『지리학연구』 제14권 제5호, 1937, 25~7쪽에 실렸던 것으로 우리말로 번역하여 「濟州島의 回想」, 『제주도 자료집』, 보진재, 1971, 190~193쪽에 실려 있다.

소도시의 상점을 들여다보더라도 꽤 물건이 많고 이발소 같은 시설도 개성 등지의 것에 비할 바가 아니다. 더욱이 서호리와 토평리는 훌륭한 마을들로 제일 깨끗하고 상수도 시설이 있는 등 대도시에 비해 부끄러울 바가 없다. 다른 많은 마을들도 대부분 이와 유사하다. 거기다가 공기가 좋아서 건강지대로 더할 나위 없다. 그러나 여러 마을에 폐병환자가 있다고 한다. 그들은 오사카 방면에서 여공으로 나갔던 사람들이 폐병이 들어서 돌아온 때문이라고 한다.

[추기] 이것은 1개월간의 피상적 관찰에 의한 것으로 제주도가 건강지대라고 하기는 어렵다. 자세한 점은 졸저 『제주도의 생명조사서(제주도 인구론)』을 참조하기 바란다.

2. 조파종 후의 밭밟기와 땅고르기

제주도 특유의 것으로 씨를 뿌리고 그 위를 10여 마리, 많을 때는 수십 마리의 소와 말로 밟게 하는 방법인데 남녀, 여러 명이 소와 말 뒤를 따르며 부르는 민요는 우리에게는 그 의미를 알 수 없어서 이국의 정취까지 느껴지지만 어딘가 로맨틱한 데가 있어서 곤충채집하던 우리들은 포충망을 옆에 놓고 앉아서 황홀하게 그 노래를 듣고 있는 때가 있었다.

3. 오백나한

일명 팔백장군(필자주: 오백장군의 오인인 듯)이라고도 하고 한라산 정상 밑 남서쪽에 있는 것인데, 기암의 자태에서 그 명칭이 유래된 모양이다. 우리들은 두세 차례 그곳에 가려고 하였지만 비 날씨로 갈 수 없었고 겨우 8월 15일 오후 한때 맑아지는 틈을 타서 멀리서 오백나한의 경관을 보았다. 영험한 오백나한은 그리 쉽게는 그 자태를 보이지 않는다. 비 많은 해에 온 죄다.

4. 감귤원

나는 서귀면 니시모토(西本) 씨의 제주농원을 견학하였는데, 이 농원 부근이 조선 유일의 밀감산지라고 듣고는 더욱 귀하게 보였다. 이곳의 감귤류는 아직 제주도 안에서 전부 소비되는 형편이니 육지부까지 알려지지 않은 것도 무리는 아니다.

5. 가파도

제주도 서남단에 모슬포란 제주도 굴지의 항구가 있다. 그 밖으로 멀리 남쪽에 마라도란 조선 최남단의 지표를 점하는 고도(孤島)가 있는데 여기서 말하는 가파도는 모슬포와 마라도의 중간에 잇다. 가파도는 마라도에 비하여 면적, 인구가 크고 많지만 보통 지도에는 마라도는 실려 있고 가파도는 빠져 있다. 이것은 아마 마라도가 지리학상으로 더욱 중요성을 많이 갖기 때문일 것이다. 나는 지리학상으로는 중요치 않아서 세상 사람들에게는 널리 알려지지 않은 가파도에 대하여 소개할 만한 자료를 이번에 보고 들었다.

무인도였던 가파도가 처음으로 개발되기 시작한 것은 지금으로부터 약 80년 전이라고 한다. 원래 작은 언덕도 없는 평탄한 주위 10리

(4km)도 안 되는 작은 섬이니 개척은 비교적 쉬웠던 모양이고, 원래 있던 나무는 베기만 하고 심지 않았기 때문에 지금은 섬 전체가 경작지이고 나무는 하나도 볼 수 없는 형편으로 땔나무도 본섬으로부터 구입한다고 한다. 나는 곤충채집 때문에 건너왔지만 섬 전체에 보존된 곳은 전혀 없어서 볼 만한 채집품도 얻을 수 없었다.

가파도에는 현재 170여 호, 700여 명이 살고 있고, 비교적 훌륭한 학원이 있다. 신유의숙(辛酉義塾)이라고 하는데, 직원은 두 명, 보통학교 정도의 개량서당으로 가파도민이 운영하고 있어서 섬주민 전체가 이용하고, 또 소중히 여기는 모양이다. 주민 중 성인 남자는 전부 어업에, 여자는 전부 해녀에 종사하는데 40세 이하에는 남녀를 막론하고 글 모르는 사람이 단 한 명도 없다. 제주본섬에서는 여자는 일하고 남자는 노는 악습이 있지만, 이 섬에서는 그렇지 않고 남녀가 평등하게 누구나 일하는 아름다운 풍습이 있다. 그러니만큼 남녀는 모두 기개(氣概)가 있고 용감하며 아이들까지도 모두 활달하다. 아이들은 공부하는 한편 때로는 부업인 농업을 돕고 놀 땐 수영을 하는데 거의 물고기 모양으로 자유롭게 헤엄을 친다. 여자 아이는 해녀가 되는 훈련, 남자 아이는 창을 가지고 바다에 들어가 헤엄치는 물고기를 찌른다. 이 아이들을 볼 때 나에게는 직감적으로 전부가 먼 훗날 올림픽 수영 선수가 될 것으로 보인다. 이 여행으로 돌아와서 손기정 선수가 베를린 올림픽 마라톤에서 우승한 것을 듣고는 더 한층 감격하였다. 또 섬사람들이 배를 조종하는 기술은 실로 신기라고 할 만하다. 나는 모슬포로부터 왕복 모두 가파도민이 조종하는 작은 범선을 탔는데, 배를 전복시키지 않는 그들의 조종술에 감탄하였을 뿐이다.

다음으로 가파도의 명물이라고 하면 해녀들이 따오는 큰 전복과 가파도 참외이다. 나는 다행히 신유의숙 교원인 문시욱(文始旭) 씨의 호의로 두 가지를 모두 맛볼 수 있어서 기뻤다. 또 '자리회'도 가파도의 명물이란다. 그러나 뼈째로 먹는 데는 육지인인 나에게는 친해질 것 같지가 않았다.

6. 한라정원

제주도는 한라산으로 된 섬이라 할 수 있다. 한라산은 해발 약 2,000m의 크고 높은 산으로 깊은 계곡, 호수, 삼림, 초원, 암석 등의 여러 미관을 포함하여 주부의 푸른 바다와 어울려 흠잡을 수 없을 정도로 조건이 구비된 일대 공원이다. 그러나 그 속에는 유감스럽게도 세상 사람들에게 간과된 것이 하나 있다. 그것이 내가 '한라정원'이라고 가칭하여 여기에 소개하는 것이다. 김남천 씨의 초기밭(표고버섯산막)에서 제주읍으로 향하여 조금 간 곳, 즉 흙붉은오름(土赤岳) 동쪽 속밭(石坡)이라는 완만한 경사지에 있는 천연정원으로 실로 훌륭하여 보는 이로 하여금 누구나 인위적 소산으로 단정케 할 정도로 미관을 자랑한다. 정원학상의 지식이 없는 필자는 그 형용을 전연 생략키로 하지만 다만 그 규모가 커서 배후의 한라상봉과 어울려 제주도의 자랑이라고 감히 주장하는 바이다.

7. 산중하천

보통 때는 단순한 돌로 된 계곡도 비가 오면 훌륭한 하천으로 변하는 것은 다른 산에서도 볼 수 있다. 제주도에서도 입산한 사람이 비를 만나 비를 피하기 위하여 계곡 바위 아래 같은 데 은신하였다가 불행히도 뒤에 휩쓸려 내려가 비참하게 죽는 때가 때때로 있다고 한다. 또 현재 큰 강 모양으로 흐르는 것도 몇 시간 동안에 수량이 퍽 주는 수도 때때로 있다. 나도 실제로 이번에 이런 경험을 하였는데 수량이 너무 많고 유속이 너무 빨라서 부득이 물가에서 몇 시간 기다려서 수량이 줄어들자 일행이 모두 서로 팔들을 끼고 옆으로 걸어서 하천을 건널 때가 있었다.

마라도 엘레지*

석주명

마라도는 조선 남단의 섬이다. 조선 남단의 섬이라면 누구나 제주도를 연상하지만 제주도에도 부속섬이 10여 개나 있고, 이 마라도는 그 부속섬들 중 하나이다.

제주도는 대략 타원형을 이루고 그 장축은 동북에서 서남으로 경사졌으니 제주본섬의 남단은 모슬포 부근이 된다. 이 부근에서 거의 정남방으로 떨어져서 두 섬이 있는데 가깝고 큰 것이 가파도이고, 멀고 작은 것이 마라도이다.

이 마라도는 북위 35° 7′ 동경 126° 16′에 놓여 있다. 둘레가 약 2킬로미터의 타원형 섬인데 그 장축은 남북으로 되고, 동쪽은 절벽이고 섬 중앙 부근은 39미터, 점차 서쪽바다로 경사졌으니 선창은 자연스럽게 서쪽면에 한하게 되고, 마을도 서해안에 생기게 되었다.

* 원래 일본어로 「馬羅島エレヂ－」, 《城大學報》 제8호, 1944, 2쪽에 실렸던 것으로 우리말로 번역하여 「馬羅島엘레지」, 『제주도 자료집』, 보진재, 1971, 182~184쪽에 실려 있다.

현재 마라도에는 13호 48명이 살고 있고, 행정상 제주도 대정면 가파리에 속하는데 마라도 전체가 571번지란 1개 번지이다. 마라도 주민은 반농반어라기보다 거의 어업에 종사하며 가파도에 의존하는데 가파도 주민은 반농반어를 하면서 제주본섬에 의존한다.

나는 자기 전문의 입장에서 지난 1936년 이 조선 최남단 섬의 동물상을 조사하려고 몇 번이나 마라도 도항을 기획하고도 실패한 후 겨우 가파도까지만 왔었지만, 나는 다행히도 1943년 5월 말에 좋은 기회를 얻어 이 섬에 건너와 2박을 하면서 이곳의 동물상을 조사할 수 있었다. 전문적인 사항들은 다른 학술지로 미루겠지만, 동물상으로 보더라도 마라도는 가파도의 부속섬이요, 가파도는 제주본섬의 부속섬으로 이 점은 자연상으로나 인문상으로나 일치한다.

이상은 마라도의 개관이지만 나는 이 섬에 건너와서 주로 곤충채집을 하면서 섬의 전설이나 기타까지도 채집하려고 애써보았다. 그랬더니 과연 이 섬에는 이 섬에 알맞은 애처러운 한 전설이 있다.

섬 북단 선창 가까이 우물 옆에는 원시적 사당(祠堂)이라 할 만한 돌을 쌓아놓은 곳이 있다. 분명히 오랫동안 제사를 지낸 흔적이 있고 마을주민들로부터는 아미씨당[본향(本鄕)]이라고 하여 영험하다는 것이다. 여기에 소개하는 엘레지[비가(悲歌)]란 이 신당의 유래이고, 이 이야기는 이 마을에서 가장 연장자인 김성종(金成宗, 1943년에 74세) 어르신으로부터 들은 것이다.

수백 년 전의 일로 모슬포에는 이(李) 아무개 부인이 살았다. 어느 날 이 부인이 물을 길러가다가 수풀 속에서 어린애 우는 소리를 들었다. 울음소리를 향하여 가니 생후 3개월도 못 되는 여자애가 있었다. 우는 아이를 달래면서 안고 와서 그곳 원님께 아뢰었다. 놀랜 원님은 팔방(八方)으로 유아의 생모를 찾았지만 알 도리가 없어서 그 고아의 양육을 이 부인에게 부탁하였다.

세월은 흘러서 그 고아가 여덟 살이 될 즈음에 이 부인에게도 처음으로 아이가 생겨서 그 여덟 살 여자아이는 자연스럽게 애기업개(애보개)가 되었다. 이 어린 애기업개의 자장가에는 자장자장 와리자장 하는 중에 "아가 아가 우지 마라 아빠 있고 엄마 있는 아가가 너 왜 우니"란 말이 끼어 있었다. 이 말이라기보다 이 노래는 애처러운 여자애의 고운 목소리로 늘 불려서 동네사람들의 귀를 기울이게 하였다.

마침 이때에는 매년 봄마다 망종(芒種)으로부터 반달 동안은 남쪽으로 떨어진 마라도에 건너가는 것이 허가되는 때라 해녀인 이 부인도 많은 마을주민들과 함께 마라도에 건너갔었다. 섬에 들어간 후 이틀째인지 갑자기 바다에는 풍랑이 일고 짙은 안개가 끼어 개이지 않으므로 적은 식량을 가지고 간 일행은 굶주림과 싸우지 않으면 안 되게 되었다. 일행의 비탄이 극도에 달한 어느 날 밤 선주(船主), 선두(船頭), 이 부인 등 세 사람은 이상한 꿈을 꾸었다.

백발노인이 꿈에 베개 옆에 나타나서 하는 말이 "데리고 온 애기업개 여자애를 이 섬에 남겨두라, 그 애만 남겨둔다면 너희들은 모두 무사히 돌아갈 수 있으리."라고. 세 사람 모두 같은 꿈을 꾸었고 돌아갈 것만 생각하는 일행은 뭍에 놓은 애포대기를 가지러 간 여자애를 섬에 남긴 채로 그만 창파(滄波)에 배를 띄우고 말았다.

갑자기 잔잔해진 바다에서 무사히 돌아온 일행은 다음 해 4월에 다시 마라도에 건너와서 해변 가까이에 있는 동굴에서 희생되어 죽은 애기업개 여자애의 백골을 발견하여 따뜻한 장례를 지냈다. 일신을 바쳐서 일행을 구한 이 가련한 여자아이의 영(靈)을 공양치 않는 한 처녀는 바다에 들어가 죽고 한 나무꾼은 발을 몹시 다쳤다고 한다.

이 슬픈 이야기를 하는 김 어르신은 먼 하늘을 바라보며 가련하게 일생을 마친 여자애의 영을 위하는 이 신당을 아직도 바닷일을 하는 사람들은 잘 위한다고 말하였다.

한국의 자태*

-제주에서

석주명

소크라테스의 자기 자신을 알라는 말은 예로부터 유명하다. 자기가 자기를 모르고서 자처(自處)하기에 곤란한 때문이다. 이 말은 다만 개인에게 한(限)할 것이 아니고, 단체에도, 민족에도, 국가에도 적용될 수 있는 것으로 나는 생각한다. 그런고로 한국 사람은 한국의 자태(姿態)를 잘 알아야만 할 것이다. 한국 사람이 한국의 자태를 잘 앎으로써, 한국의 문화재를 세계문화건설에 제공하여, 우리 한국도 열국(列國)에 끼어서 발언권을 얻게 되는 것이다. 세계문화건설에 있어서 아무 이바지 하는 바 없는 국가나 민족은, 국제간 혹은 민족간의 회합에서 발언권을 가질 수가 없는 법이다.

우리는 어느덧 예기치 않았던 국제생활을 하게 되었다. 우리의 일상생활을 반성하여도 한국 고유의 요소가 도무지 몇%가 안 됨을 알

* 원래 「朝鮮의 姿態」, 《제주신보》 1948년 2월 6일자 1면에 실린 기고문으로 「韓國의 姿態」, 「제주도 자료집」, 보진재, 1971, 7~8쪽에 실려 있다.

때 우리는 놀라게 된다. 안경을 보라, 시계를 보라, 만년필을 보라, 우리가 먹는 음식물과 입는 의복의 원료까지도 외국으로부터의 것이 얼마나 차지하였는가를 생각하라. 그러니 우리도 국제생활에 있어서 제공할 것이 있어야 할 것이다. 일본에서는 쇠퇴하는 누에치기[養蠶]를 우리가 진흥시켜 생사(生絲)를 외국에 제공하여 외화를 획득하자는 일이나, 지하자원을 어떻게 한다는 등, 여러 가지가 있을 수 있지만 그것들은 그 전문가들이 역시 생각할 일이고, 우리는 무엇보다도 눈앞의 것을 무시해서는 안 된다.

제주도(濟州島)에는 언어, 풍속, 관습, 기타에 있어서 예로부터 육지와는 다르다고 하여 왔지만, 자세히 살펴보면 한국의 옛날 모습 내지 진정한 모습을 말해주는 자료가 많다. 진정한 한국의 자태를 찾으려면 제주도에서 그 자료를 많이 구할 수가 있겠다. 왜냐하면 제주도는 고도(孤島)이므로 육지에서와 같이 외래문화에 침윤(浸潤)받을 기회가 적었고, 그리 작지 않은 면적과 인구는 고유문화를 보존할 수 있었기 때문이다.

우리가 흔히 쓰는 공기와 물을 귀하게 생각하지 못하는 것처럼, 제주도 사람은 제주도의 특이성 내지 한국의 고유문화성이 귀한 줄을 모른다. 육지인의 한 사람으로 내가 제주도에 2개년이나 생활한 경험으로는, 제주도에는 한국의 자태를 밝혀줄 금조각 같은 자료가 지극히 많이 흩어져 있음을 알 수가 있다.

이도(離島)후 4년 만에 다시 와보니 해방과 38선관계로 육지인들의 입도와 소위 육지문화의 침윤으로 제주도의 특이성이 없어져감을 느낀다. 그것도 필연적 현상이기는 하나, 하루바삐 한국의 식자(識者)들은 금조각 같은 제주도의 자료를 수집하여 계통 세우려고 노력해야겠고, 제주도민들도 많이 성원해주셔야겠다.(1948)

제주도의 식물이름*

석주명

제주도민은 이 섬에서 많은 식물을 풍부히 이용한다. 더욱이 사람과 가축의 약용으로 하는 것이 많아서 그들의 경험을 종합정리하면 분명히 의의있는 일이 될 것이다. 그 의미에서 나는 식물의 제주명(濟州名)을 모아보았다. 또 표준명과 같은 것도 물론 있지만 그것들을 생략하였다.

전문가가 아닌 나의 이 책이 후일 어디에 이용된다면 다행일까 하며, 동시에 어서 속히 전문가 손에 의하여 농민들의 경험이 종합정리될 것을 바란다. 벌써 나카이(中井猛之進) 박사의 업적(『濟州島植物報告書』, 1914년)에도 많은 식물의 제주명 내지 한국명이 부기되어 있지만, 그것은 부분적이고 제주명과 한국 본토명이 혼동되어 있어서 그 가치

* 석주명은 1943년 4월~1945년 5월 경성제대 생약연구소 제주도시험장에 근무하면서 제주식물 관련 자료를 수집했다. 이 글은 「濟州島의 植物名」, 『제주도 자료집』, 보진재, 1971, 30~54쪽에 실린 것으로 원고가 완성된 1950년 6월 당시 표준 식물명은 지금은 다소 다를 수도 있다.

가 반감된다. 내가 제주도(濟州島)의 식물명을 조사할 때는 농민들로부터 직접 듣고 수집하였는데, 그 가운데는 동일명이 여러 종을 포함하는 경우도 있었고, 그 반대로 한 종의 식물이 여러 개의 이름을 갖고 있는 때도 있어서 혼란스러운 점도 없지는 않다. 또 철자가 약간 다른 경우는 일정한 표준에 의하여 정리하였으니(『제주도 방언집』, 1947, 참조) 전체로 보아 통일되지 못한 것이 약간 있음은 피할 수가 없었다.

여기서 (남)은 한라산 남쪽지역, (북)은 한라산 북쪽지역을 의미한다

제주어	표준어
가개비참외	개구리참외
가마귀똥	섬엄나무
가마귀막게	가마귀베개
가마귀바농(북), 개바농(남)	도깨비바늘
가마귀수까락 = 살마 = 산마 = 반화	반하(끼무릇)
가마귀연줄 = 생이연줄(남) 가마귀외 = 고냉이풀(북)	괭이밥
가마귀지장 = 소새쿨 = 왕소새	솔새
가세축 = 흑축	생강나무(개동백)
가스레기낭 = 가스르기낭 = 가시룽낭 = 가스룽낭	사스레피나무, 섬쥐똥나무
가스새 = 가시새	파리풀
가승마	삼지구엽초
가시리	우뭇가사리
가시엄낭	엄나무
가시틀	산딸나무 1변종
가지깽이고장 = 촉교화 = 접시꽃	촉규화
간남	광나무
간죽대 = 고대	오죽
갈남	떡갈나무
갈대	조릿대의 1종
감기판 = 당귀 = 남방초	가막사리
감저 = 감제	고구마
갓	골마지
갓다리꽃 = 박다리꽃	합다리나무
갓데제환지	대세풀

제주어	표준어
강낭꾀	해바라기
강낭대죽	옥수수
강쿨	노루귀
개꽃남	갯메꽃
개난독낭	왕초피나무(왕산초나무)
개낭	누리장나무(개똥나무)
개반초 = 인반초 = 에반초 = 만년초	문주란
개비눔	비름
개삼동 = 개베롱개 = 배롱개	까마종이(강태,깜뚜라지)
개셍개(북), 몰셍게 = 술(남)	소리쟁이(소루쟁이)
개술 = 셍게	수영(승아, 시금초)
개엿뀌	여뀌
개옷낭	옻나무
개유	들깨풀
개자리(쿨)	벌노랑이
개제피 = 개죄피(낭)	분디나무
개탕쉬낭	탱자나무
갯ᄂᆞ물	겨자
검복낭 = 검북낭	풍개나무
게에기	줄
게염지탈 = 베염탈	뱀딸기
고개초	애기똥풀
고냉이멀리	까마귀머루
고냉이정동=정동=촘정동 = 정당	댕댕이덩굴
고냉이쿨=광난이쿨=하리비고장	할미꽃
고냉이풀=떡정동=떡정당	계요등, 여청
고네할미(북), 고로쿨=그능풀(남)	닭의장풀
고롬쿨	젖풀
고롬쿨=젖쿨	땅빈대
고베기	고비
고사쿨	벼룩아재비
고삼=너삼	도둑놈의지팡이, 고삼
고요화 = 소스랑쿨 = 쇠스랑쿨 = 몰팡쿨 = 노리자리 =향유초	향유(香薷)
고장근	호장
고치	고추
곡지탈	가시딸기
곤저리쿨	싸리
곰생이(북), 공생이(남)	곰팡이
꼼치(먹는 곰치)	머위
꼼치(안먹는 곰치) = 공초 = 박클	곰취

제주어	표준어
곱대산이 = 콥대산이 = 쿳대산이 = 대산이	마늘
곳사비낭	새비나무
꽝낭	꽝꽝나무
꽝베낭 = 들베낭 = 산베낭	콩배나무
꾀	참깨
꾀꽝낭	쥐똥나무
구렁대 = 수리대	구릿대
구룸비낭	까마귀쪽나무
구룸페기 = 부름페기	상산(常山)
구룽피	감탕나무
구실 = 수승	율무
구엽초	좀꿩의다리
국활 = 굴게남 = 굴괴낭	굴거리나무
굴낭	굴피나무(굴태나무)
굴목낭 = 굴목이 = 굴묵낭 = 굴묵이 = 늣기낭 = 니끼남	느티나무
꿀 = 쭐 = 줄 = 너출 = 넛출	덩굴
굼각초 = 굼랑초	마타리
굼낭	꾸지나무
굿가시낭 = 쿳가시낭 = 퀏낭	꾸지뽕나무
궁겡이	궁궁이(천궁)
꿩마농 = 드릇마농	산달래
꿩발	파드득나물
꿩조	꿩의밥
귀마	국화마
귀밀	귀일
끅 = 칙	칡
글히역	수크령
ᄀᆞ대	갈대
ᄀᆞ대 = 간죽대	오죽
ᄀᆞ대 = ᄍᆞᆯ대	조릿대
ᄀᆞ라지	강아지풀
ᄀᆞ수래기 = 쿠상낭	전나무
ᄀᆞ레감낭	월애감(광주방언)
ᄀᆞ스락쿨	원추리
ᄀᆞᆫ저리낭	싸리나무
ᄀᆞᆺ멀리 = 산멀리 = 중당멀리	머루
나록 = 노록	벼(나락)
난독낭	좀머귀나무
난생이 = 난시(남), 난쟁이(북)	냉이
남 = 낭	나무

제주어	표준어
남밧초 = 당귀 = 감기판	가막사리
남소윙이	호랑가시나무
남초	담배
너삼 = 고삼	도둑놈의지팡이
노가리(낭)	주목
노리꿀 = 노리쿨	죽대
노리자리 = 소스랑쿨 = 쇠스랑쿨 = 몰팡쿨 = 고요화 = 향유초	향유(香薷)
녹디	녹두
녹촌남	쪽동백
농낭 = 롱낭 = 우박	녹나무
누렁대죽=살래대죽	비수수 1종
누룩낭	후박나무
눈비애기쿨 = 암눈비애기쿨	익모초(益母草)
늣 = 돌옷	이끼
늣기낭 = 굴목낭 = 굴묵낭 = 굴묵이	느티나무
ᄂᆞ물 = 배치 = 당배치	배추
ᄂᆞᆫ독낭 = 아퀴남	개산초
ᄂᆞᆷ삐	무우
다간죽낭 = 복닥낭 = 복달낭	예덕나무
당귀 = 감기판 = 남밧초	가막사리
땅꽃	채송화
땅콩	낙화생, 호콩
대산이 = 곱대산이 = 콥대산이 = 콧대산이	마늘
대우리 = 대오리	귀리
대정제완지	세포아풀
대죽	수수 류(類)
대초	대추
댕우지낭 = 댕유지	당유자나무
떡정당 = 떡정동 = 고냉이풀	계요등
던덕 = 드ᆞ발	솜양지꽃
덧낭	덧나무
도데쿨	등대풀
도육남	느릅나무
독고리낭 = 똥꼬리낭 = 주레비낭 = 새비낭	찔레나무
돌캄낭	돌감나무
돔박낭	동백나무
돗수에 = 창쿨	방가지똥
돗치기쿨 = 돗수에	매듭풀
돗채비고장	산수국
동부ᄌᆞ	애기원추리

제주어	표준어
동지대죽 = ᄃᆞᆼ기대죽	수수
똥꼬리낭 = 독고리낭 = 주레비낭 = 새비낭	찔레나무
두루에기	노랑하눌타리
뒤 = 새	띠(삘기)
드릇국화	숙부쟁이, 산국
드릇마농 = 꿩마농	달래
들굽낭	두릅나무
들베낭 = 산베낭 = 꽝베낭	콩배나무
들뽕낭	산뽕나무
등너출	등덩굴
ᄃᆞᆨ고달 = 만도라기 = 만도레기	맨드라미
ᄃᆞ레낭	다래나무
ᄃᆞᆨ발 = 던덕	칠양지꽃
ᄃᆞᆨ쿨	여우구슬
ᄃᆞᆼ기대죽 = 동지대죽	수수
마농 = 마늘	파류의 총칭
머쿠실낭 = 먹쿠실 = 몰구실낭	멀구슬나무
먹사오기	벚나무
멀리(남), 멀위(북)	머루
멋낭	끈끈이나무(먼나무)
멍꿀	멀꿀
메마	메꽃
메설낭	매화나무
메역새	새초미역
멕문동 = ᄀᆞ스락쿨	닭의빗자루
멘네 = 멘헤	목화(면화)
멜순(남), 밀순(북)	청가시덩굴
멧내기(남), 미네기(북)	미나리
멧순	밀나물
멩게낭 = 벨내기	청미래덩굴
모꽂	꿀풀
모멀	메밀
모시쿨	모시풀, 저마
모에제완지	민바랭이
모인조 = 모힌조	조(메조)
목탄초	목단풀
무란페기남	대팻집나무
물룻	무릇
물ᄆᆞ작쿨	물봉선
물옷	①개구리밥(부평초) ②롬개구리밥

제주어	표준어
물웨 = 웨	오이
물채 = 물쌔 = 창풀	창포
물토란	가는잎벗풀
물파란낭 = 물하랍낭	중대가리나무
물페채기	물질경이
밀푹게 = ᄑᆞᆯ푹게	덩굴땅과리
ᄆᆞᆯ고장 = ᄆᆞᆯ싸움고장 = 숩쿨 = 아즌배기꽃 = 아진배기꽃	제비꽃, 오랑캐꽃, 앉은방이꽃
ᄆᆞᆯ모자쿨	쇠무릅(우슬)
ᄆᆞᆯ오줌낭	말오줌때
ᄆᆞᆯ지장	개속새
ᄆᆞᆯ추리쿨	마편초(馬鞭草)
ᄆᆞᆯ팡쿨 = 노리자리 = 소스랑쿨 = 쇠스랑쿨 = 고요화 = 향유초	향유(香薷)
ᄑᆞᆯ푹게	애기땅꽈리
ᄆᆞᆯ푼체	범부채
ᄆᆞᆷ	모자반
박다리꽃 = 갖다리꽃	합다리나무
박달낭	참꽃나무
반두어리=후박	후박나무
반치(남), 반초(북)	파초
반화 = 산마 = 살마 = 가마귀숟가락	반하(끼무릇)
방풍	갯기름나물
백하비고장	나리꽃
버두낭	버드나무
버레낭	물참나무
벌레낭 = 볼레낭	보리수나무
베경속(낭)	포플라, 양버들
베롱개 = 개베롱개 = 개삼동	까마종이(강태,감두라지)
베염고사리 = 허궁고사리 = 허금고사리 = 허웅고사리	발풀고사리
베염고장 = 소입	봉선화
베염유리(쿨)	자주괴불주머니
베염탈 = 게염지탈	뱀딸기
베염페기 = 베염푸기	비목나무
베채기 = 페채기	질경이
벡문동	천문동
벡일홍 = 저금타는낭	배롱나무
벡토란	백도라지
벨내기 = 멩게낭	청미래덩굴
보리콩	완두

제주어	표준어
복닥낭 = 복달낭 = 다간죽낭	예덕나무
복송개낭	복숭아나무
복직개ᄂᆞ물	말나리
복쿨	깨풀
본속	풀솜나물
본지낭 = 뽄지낭	노박덩굴
볼레낭 = 벌레낭	보리수
부루	상추
부룸페기 = 구름페기	상산(常山)
북무화	무궁화
북칠낭	붉나무
비낭대죽(남), 빗대죽(북)	비수수
비늠	비름
비초=사룩쿨=쉽싸리(남), 휩사리(북)	댑사리, 비사리 공쟁이
빈네쿨(남), 쏘비네(북)	피막이풀
빈데쿨	아욱메풀
뻥이마농 = 패마농	파
ᄇᆞᆨ개기(북), 큰ᄇᆞᆨ개기 = 자두겡	자드뷔겐
ᄇᆞᆺ개기(남), 조근ᄇᆞᆨ개기(북)	헤아리벳지
사당낭 = 새당낭	생달나무
사탕대죽	사탕수수
사오기 = 사옥낭	벚나무
산뒤(山稻)	밭벼
산마 = 살마 = 가마귀숟가락 = 반화	반하(끼무릇)
산물	광귤나무
산베낭 = 돌베낭 = 꽝베낭	똘배나무
산송 = 황송 = 황솔	소나무
산승	더덕
산유지남	조록나무
살귀	살구
살래대죽 = 누렁대죽	비수수 1종
삼수세기	환삼덩굴
상낭	향나무
상거심	겨우사리
상고지(북), 올리(남)	향부자
새 = 뒤	띠(삘기)
새비낭 = 독고리낭 = 똥꼬리낭	찔레나무
새삼	마
샛꼴	'촐'중에 '새'와 '제완지'
생유	산들깨

제주어	표준어
생이연줄 = 가마귀연줄(남) 고냉이풀 = 가마귀외(북)	괭이밥
생이줄(남), 줄고사리(북)	실고사리
생이콩	새콩
서승(남), 서신(북)	민족도리풀(세신)
서리낭 = 서이낭	서나무
세귀낭	소귀나무
세우리(남), 쇠우리(북)	부추
세외기 = 쐐기	쐐기풀
셍게 = 개술	수영(승아,시금초)
셍지속	떡쑥
소나쿨	배풍등
소낭 = 솔낭	해송, 곰솔
소낭초기	송이
소새꿀 = 소새쿨 = 왕소새 = 가마귀지장	솔새
소왁 = 송왁(남), 송낙(북)	송악
소윙이	엉겅퀴
소유지	유자나무
쇠(북), 쿤지쿨(남)	사위질빵
쐬돔박낭	사람주나무
속	쑥
솔피낭	솔비나무
수리대 = 구렁대	구릿대
수리대 = 족대	해장죽(海藏竹)
수승 = 구실	율무
수왁낭 = 수웍낭	산유자나무
숙대남	삼나무
순풀 = 진풀	뽀리뱅이
술 = 몰셍게(남), 개셍게(북)	참소리쟁이
술조기남	나도밤나무
숭년감 = 싱년감	뚱딴지
ᄉ가외	수세미외
ᄉᆞㄹ노리 = ᄉᆞㄹ누리(남), ᄉᆞㄹ우리(북)	쌀보리
ᄊᆞㄹ대죽	쌀수수
아까시낭	아카시아
씰거리낭	실거리나무
아퀴남 = 눈독낭	개산초
안자리쿨	갯취
양에	양하
얘편고장(북), 앰편고장(남)	양귀비
어욱(남), 어웍(북)	억새

제주어	표준어
얼루래비(낭)	덜꿩나무
엄낭	황칠나무
에영지낭(남), 외영뒤낭(북)	앵두
연박폭초	솜방망이
예반초 = 개반초 = 인반초 = 만년초	문주란
오창영	귀박쥐나물
옷밤제완지	조개풀
옷칠낭 = 칠낭	옷나무
우박 = 농낭 = 롱낭	녹나무
우방(지)	우웡
운동고장 = 은동	인동덩굴
유	들깨
유동목	유동
유름 = 졸겡이 = 조령	으름
윤노리 = 윤유리	민윤노리나무
올리(남), 상고지(북)	향부자
자구나무	자귀나무
자굴	차풀
잠녀콩	작두콩
저금타는낭 = 백일홍	배롱나무
저슬사리	참으아리
전기꽃	진달래
절마리쿨	개밀
접시꽃 = 촉교화= 가지깽이고장	촉규화
정갈리	정금나무
정당 = 정동 = 촘정동 = 고냉이정당 = 고냉이정동	댕댕이덩굴
젖쿨 = 고롬쿨	땅빈대
제낭	①노린재나무 ②자작나무
제사오기	벚나무 1종
제완지 = 제환지 = 제한지	바랭이 류
제쿨	명아주
조폴레(북), 끝볼레(남)	보리수
족뀌남	화살나무, 참빗나무
족대=수리대	해장죽(海藏竹)
졸겡이=조령=유름	으름
종낭	때죽나무
죄피낭=촘제피	초피나무
주레비낭 = 똥꼬리낭 = 독고리낭 = 새비낭	찔레나무
주리쿨	방울새풀
주리풀	개속단(송장풀)

제주어	표준어
줄돔비 = ᄎᆞᆷ돔비	동부(광정이)
줄상낭	섬향나무
줄창화	죽도화(황매화)
지슬(남), 지실(북)	감자
진	왜모시풀
진쿨	별꽃 류
진풀 = 순풀	뽀리뱅이
ᄌᆞ밤낭	구실잣밤나무
창쿨 = 돗수에	방가지똥
창풀 = 물쌔 = 채물	창포
천적	물바늘골
청조쿨	김의털아재비
청쿨	개망초
쳐남상	천남성
쳔상쿨	망초
초기	버섯
촐	꼴
취쿨	갯질경이
치비쑥	제비쑥
치지낭	치자
칠낭=옷칠낭	옻나무 류
칠비	부들
ᄎᆞ낭	상수리나무(참나무)
ᄎᆞᆫ나록	찰벼
ᄎᆞᆷ소왱이	엉겅퀴
ᄎᆞᆷ외	참외
ᄎᆞᆷ제완지	바랭이
ᄎᆞᆷ죄피 = 제피낭	초피나무
코ᄏᆞᆨ	조롱박
콥대산이 = 곱대산이 = 대산이	마늘
콩생에쿨 = 풀콩생에쿨	애기향유
콩탈	검은딸기
콱향	쥐오줌풀
쿠상낭=ᄀᆞ수래기	전나무
쿤지쿨(남), 쇠(북)	사위질빵
쿨	풀
쿳가시낭 = 굿가시낭 = 퀏낭	구지뽕나무
ᄏᆞᆨ = ᄏᆞᆯ락	박
탈	딸기
탱우지(남), 개탕쉬낭(북)	탱자나무
테역 = 퇴역 = 때역 = 잔뒤역	잔디

제주어	표준어
틀낭	산딸나무
팔각낭	붓순나무
패마농 = 삥이마농	파
페체기 = 베체기	질경이
퐁낭	팽나무
푸숨줄	남오미자
푹게(남), 푼절귀(북)	땅꽈리
푼체순	부처손
피만지	아주까리
피파낭	비파나무
피풍낭	사철나무
ᄑᆞᆺ = 춤ᄑᆞᆺ	팥
ᄑᆞᆺ감낭	고욤나무
ᄑᆞᆺ볼레(남), 조폴레(북)	보리수
하눌에기	하눌타리
하늘푹게(남), 하늘푼절귀(북)	꽈리
하리비고장 = 광난이쿨 = 고냉이쿨	할미꽃
한팡기	함박이
함박쿨	병풀
함박푹게	땅꽈리 1종
합순	개옻나무
항정	댓잎둥굴레
해래비꽃	딱지꽃
향유초 = 노리자리 = 소스랑쿨 = 쇠스랑쿨 = 물팡쿨 = 고요화	향유(香薷)
헹게[荊芥]	정가
화양목	회양목
황백피	황경피나무
황솔=황송=산송	소나무
황칠낭	산검양옻나무
회양	회향(茴香)
휩사리(북), 비초=사룩쿨=쉽싸리(남)	댑싸리, 비사리 , 공쟁이
후박 = 반두어리	후박나무
흐린조 = 히린조	차조
흑축 = 가세축	생강나무, 개동백나무, 아구사리

제주도의 새와 곤충 이름*

석주명

(남)은 한라산 남쪽지역, (북)은 한라산 북쪽지역에서 쓰는 말을 의미함.

제주어	표준어
고망독새 = 고냥독생이	굴뚝새
꿩비애기	꺼병이, 주리끼
그레기(남), 지레기(북)	기러기
골매 = 골매기	갈매기
남도래기	딱다구리
독	닭
독새기	계란
돔박생이 = 소낭생이	동박새
똥소레기 = 소레기(북) 똥소로기 = 소로기(남)	솔개
두럼	두루미
베록	벼룩
부구리	진드기(丸形)
진독	진드기(扁形)
불근게염지	불개미
불한듸 = 불한지 = 불환듸	반디
사상벌(남), 사장벌(북)	쌍살벌
산젼발락(남), 심방말축(북)	방아깨비
심방나비	호랑나비
소낭버렝이	송충이
왕재열 = 왕젤	큰매미
재열 = 젤 = 제 = 자리 = 재리	매미
자최=자치=잣채	자벌레
주냉이=지넹이	지네
주얼	등에
쥐메누리	쥐며느리
좁재기	집게벌레
청벌	꿀벌

* 이 글은 「濟州島의 動物名」, 『제주도 자료집』, 보진재, 1971, 55~69쪽에 실린 것 가운데 새와 곤충만 골라서 정리한 것으로 『제주도 자료집』이 편집되던 1950년 6월 당시는 지금과 표준어 곤충명이 다름을 감안해야 한다.

제주어	표준어
하늘강생이	땅강아지, 도루래
흰밥주리	흰잠자리
ᄃᆞ람지 = ᄃᆞ라미	박쥐
모스고기약생이 = 모시고기약생이	꾀꼬리
바당생이	바다새
촘새 = 밥주리 = 밥주리생이	참새
물하르방 = 물하래비	게아재비
빙애기 = 비애기	병아리
새잽이	새매
생이	새
순작 = 순장	메추라기
소낭생이 = 돔박생이	동박새
옥밤 = 올밤	올빼미, 부엉이
올랭이 = 올리	오리
장꿩 = 응취	장끼, 수꿩
제비생이 = 제비새	제비
하늘생이 = 주주머리새	종달새
ᄌᆞᆺ치	까투리
촘매	매
하기새(남), 할기새(북)	학
게염지	개미
고샥잴 = 고시약재 = 그셋젤 = 극샥재열 = 고치젤 = 푯재열	애매미
곰밥주리 = 밥주리 = 밤버리 = 푯자리 = 물새	잠자리
공젱이 = 공즁이	귀뚜라미
ᄀᆞᆨ다귀	각다귀
소곰바치 = 주주애기 = 주주와기	사마귀(범아재비)
누네누니 = 누니누니	하루살이
늬 = 니	이
떠렁쇠	장수풍뎅이
도렝이 = 도롱이	굼벵이
남쇠(남), 돗보리(북)	바구미
똥베렝이	똥구더기
두메기 = 두미애기 = 붕댕이	풍뎅이
득다구리	메뚜기
말축 = 만축	메뚜기
멜위=진쉬(북), 멸뉘 = 준시(남)	멸구
버렝이 = 베렝이	벌레

제주도의 마을이름*

석주명

순 제주이름	한자이름
가는꽃	구좌면 세화리(細花里)
가는새	제주읍 회천리 새천동(細泉洞)
가마귀ᄆᆞ루	남원면 하례리(下禮里)
가문질	한림면 월령리(月令里)
가물개	성산면 신산리(新山里)
가소름=가시오름	표선면 가시리(加時里)
가시나물	제주읍 영평리(寧坪里)
가시낭봉오지	구좌면 송당리 가시목동(加時木洞)
간드락	제주읍 아라리 간월동(看月洞)
거루	제주읍 거로동(巨老洞)
거문질	안덕면 사계리(沙溪里)
건곤자리	안덕면 서광리 건곤동(乾坤洞)
걸머리	제주읍 아라리(我羅里) 일부
검은데기	애월면 금덕리(今德里)
검은오름	한림읍 금악리(今岳里)
고쇠	애월면 고내리(高內里)
고분다리	조천면 와흘리 산측(臥屹里 山側) 일부
곽귀덕	애월면 곽지리(郭支里) 및 귀덕리(歸德里)
관앞	애월면 납읍리(納邑里)
관쳥이	애월면 광령리(光令里) 안덕면 서광리(西廣里)
괴	구좌면 한동리(漢東里)
괴병대	구좌면 한동리(漢東里) 및 평대리(坪垈里)
괴성	성산면 고성리(古城里)
괴습풀	한림면 명월리 고림동(高林洞)
구렁팥	표선면 성읍리 구룡동(九龍洞)
구석밭	대정면 구억리(九億里)
귀리	애월면 상귀리(上貴里) 및 하귀리(下貴里)
그등에	성산면 신천리(新川里)
골막	구좌면 동복리(東福里)
난드르	중문면 하예리 2구(下猊里 二區)

* 이 글은 「濟州島의 洞里名」, 『제주도 자료집』, 보진재, 1971, 123~129쪽에 실려 있고 동리명은 1945년경 행정동명을 기준으로 하였다.

순 제주이름	한자이름
난미	성산면 난산리(蘭山里)
날레	대정면 일과리(日果里)
내팔	중문면 강정리(江汀里) 일부 (=현재 용흥)
냇게=냇끼	성산면 신풍리(新豐里)
너븐드르	제주읍 노형리(老衡里) 일부
너븐밭	한림면 동명리(東明里) 일부
넉시오름	남원면 영귀리 남산 혼사악(魂獅岳)
널개	한림면 판포리(板浦里)
논깍	대정면 신도리 수전미동(水田尾洞)
눈미	조천면 와산리(臥山里)
니지리	한림면 상명리(上明里)
다위	제주읍 도두리 다호동(多好洞)
닥ᄆᆞ루	한림면 저지리(楮旨里)
닥ᄆᆞ오름	한림면 저지악(楮旨岳)
더디오름동네	중문면 상예리 2구(上猊里 二區)
더럭	애월면 상가리(上加里) 및 하가리(下加里)
덕지물	제주읍 이호리 덕지동(德池洞)
떼미	남원면 위미리(爲美里)
도그내	제주읍 내도리(內都里) 및 외도리(外都里)
도남니	제주읍 도남리(道南里)
도래물	중문면 회수리(回水里)
도려	구좌면 상도리(上道里)
도원	대정면 신도리(新桃里) 일부
독게	한림면 옹포리(瓮浦里)
돈오름	표선면 세화리(細花里)
돋드르	서귀면 토평리(吐坪里)
돌숭이	중문면 도순리(道順里)
돌연들	제주읍 도련리(道連里)
동도노미	제주읍 오라리 정실동(井實洞)
두미	한림면 두모리(頭毛里) 및 신창리(新昌里)
뒨게	대정면 신도리(新桃里) 일부
뒷개	조천면 북촌리(北村里)
드른돌	제주읍 삼양리(三陽里)
들렁귀	등영구(登瀛邱, 제주읍 명소)
ᄃᆞ락쿳	제주읍 월평리(月坪里)
ᄃᆞ랑곳	제주읍 노형리(老衡里) 일부
ᄃᆞ리	조천면 교래리(橋來里)
ᄃᆞ리손당	조천면 교래리(橋來里) 및 구좌면 송당리(松堂里)
ᄃᆞᆯ가기	애월면 월각이(月角伊)
ᄃᆞᆯ뺑디	중문면 월평리(月坪里)
막가름	한림면 저지리 남동(楮旨里 南洞)

순 제주이름	한자이름
멜캐	대정면 약포동(鰯浦洞)
멩이동	한림면 저지리 명리동(明理洞)
모룩밭	한덕면 상천리(上川里)
모살왓하르	제주읍 오라리 사평동(沙坪洞)
모슬개	대정면 모슬포(毛瑟浦)
몰래물	제주읍 도구리 사수동(沙水洞)
무두내	제주읍 용강리(龍崗里)
무둥이왓	안덕면 동광리(東廣里)
무래	남원면 수망리(水望里)
무주에	구좌면 월정리(月汀里)
묵굴	한림면 저지리 수동(楮旨里 水洞)
문덕개	안덕면 문덕(文德)
문섬	서귀면 문도(蚊島)
물또앗	표선면 수도리(水道里)
물미	성산면 수산리(水山里) 애월면 수산리(水山里)
물오름	남원면 수악(水岳)
므름	제주읍 노형리(老衡里) 일부
뭍랑소	서귀면 대답(大畓)부근 조연(藻淵)
방이리	제주읍 노형리(老衡里) 일부
벌레낭=벌목리	서귀면 보목리(甫木里)
법환이	서귀면 법환리(法還里)
베렝이	한림면 금릉리(金陵里)
벡개	제주읍 이호리 백포(白浦)
벨방(別防)	구좌면 하도리(下道里)
별또(別刀)	제주읍 화북리(禾北里)
병두친밭	남원면 평대진전(坪垈陳田) (일명 坪垈源田)
병디	제주읍 도평리(都坪里) 구좌읍 평대리(坪垈里)
봉아오름	제주읍 봉개리(奉蓋里)
부둥개	남원면 한남리(漢南里)
붓내	안덕면 화순리(和順里)
사기소	대정면 무릉리 좌기동(坐起洞)
산지물	제주읍 성내(城內)
삼밭구석	안덕면 서광리 마전동(麻田洞)
상촌미	표선면 상천리(上川里)
새당	안덕면 덕수리(德修里)
새베리	제주읍 노형리(老衡里) 일부
색다리	중문면 색달리(穡達里)
서구면	서귀면(西歸面)
서구포	서귀포(西歸浦)

순 제주이름	한자이름
서도노미	애월면 어도리(於道里)
서치ᄆᆞ루	중문면 영남리(瀛南里)
선둘	한림면 대림리(大林里)
섭섬	서귀면 삼도(森島)
섭지	한림면 협재리(狹才里)
성널오름	조천 남원면 지경 성판악(城板岳)
세꼴	한림면 저지리 중동(楮旨里 中洞)
세미	제주읍 회천리(回泉里) 대정면 동일리(東日里)
소섬	구좌면 우도(牛島)
속밭	성판악 서측 고원 석파(石坡)
손당	구좌면 송당리(松堂里)
쇠길	애월읍 소길리(召吉里)
쇠돈(牛屯)	서귀면 상,하,신효리(上,下,新孝里)
씸똘	성산면 시흥리(始興里)
솔오름	서귀면 미악(米岳)
안자롬	표선면 가시리(加時里) 일부
안카름	서귀면 서홍리(西洪里)
양근이	서귀면 양근동(洋近洞)
어등개(魚登浦,於等浦)	표선면 행원리(杏源里)
어름비	애월면 어음리(於音里)
엄수개	한림면 금등리(今騰里)
엄쟁이	애월면 신,구엄리(新,舊嚴里)
여우내	남원면 신흥리(新興里)
연동	제주읍 연동리(蓮洞里)
연자골	서귀면 연자동(鳶子洞)
열룬이	성산면 온평리(溫坪里)
영낙	대정면 영락리(永樂里)
예촌	남원면 신례리(新禮里)
옛개	조천면 신흥리(新興里)
오도롱	제주읍 이호리 오도동(吾道洞)
오름새끼	구좌면 덕천리(德泉里)
옥기	남원면 의귀리(衣貴里)
올르래기	구좌면 여천동(女川洞)
올리소	표선,남원면 지경 송천교 하압연(下鴨淵)
와강이	성산면 삼달리(三達里)
용못	한림면 용수리(龍水里)
웃날레	대정면 신평리(新坪里)
이승이	제주읍 해안리(海安里)
인다리	제주읍 아라리 인다동(仁多洞)
인항이	대정면 무릉리 인향동(仁鄕洞)

순 제주이름	한자이름
장밭	애월면 장전리(長田里)
정이꼴(旌義)	표선면 성읍리(城邑里)
조가외	안덕면 광평리(廣坪里)
조숫물	한림면 조수리(造水里)
종ᄀ슬	한림면 상대리(上大里)
종다리	구좌면 종달리(終達里)
종보기왓	중문면 강정리(江汀里) 일부
죽성고다시	제주읍 오등리(梧登里)
지구섬	남원면 지귀도(地歸島)
지새포	한림면 용수리 와포(瓦浦)
직세	남원면 직사동(直舍洞)
짐녕	구좌면 김녕리(金寧里)
징근	한림면 동명리(東明里) 일부
ᄌ물캐	한림면 수원리(洙源里)
차귀	한리면 고산리(高山里)
차귀섬	한림면 차귀도(遮歸도)
창고내	안덕면 창천리(倉川里)
청산	성산포(城山浦)
청수물	한림면 청수리(淸水里)
추제도	추자도(楸子島)
큰개	중문면 대포리(大浦里)
표선이	표선리(表善里)
폴깨	남원면 태흥리(泰興里)
하눌오름	조천면 하율리(下栗里)
하니꼴	한림면 저지리 북동(楮旨里 北洞)
하촌미	표선면 하천리(下川里)
한습풀	한림리(翰林里)
함박이굴	제주읍 노형리(老衡里) 일부
허더귀	남원면 수악동(水岳洞)
호구물	서귀면 서호리(西好里) 및 호근리(好近里)
홍리	서귀면 동홍리(東洪里)
활오름	중문면 강정리 궁산동(弓山洞)
황바두리	애월면 고성리(古城里)
흑불근오름	제주, 조천, 남원 지경 토적악(土赤岳)

제주어로 읽는 한자*

석주명

한자	제주어	표준어
別	가를 별	다를 별
疲	갑풀 피	갓불 피
物	것 물	만물 물
冠	고깔 관	갓 관
和	고로 화	화할 화
更	고칠 경	다시 갱, 고칠 갱
拱	고칠 꽁	꽂을 공
都	골 도	도읍 도
丁	곰배 정	장정 정,고무래 정
卽	ᄀᆞᆺ 직	ᄀᆞᆮ 즉
則	ᄀᆞᆺ 칙	ᄀᆞᆮ 측
香	꽃타울향	향기 향
寵	괴일 총	고일 총
策	괴 쳑	꾀 책
孔	구미 공	구멍 공
戚	궨당 쳑	겨레 척
藏	ᄀᆞᆷ출 장	감출 장
似	ᄀᆞᇀ을 ᄉᆞ	같을 사
枇	나무 피	나무 비
樹	나미 수	나무 수
洪	너불 홍	넓을 홍
四	넉 ᄉᆞ	넉 사
於	널 어	늘 어
者	놈 ᄌᆞ	놈 자
孰	누기 숙	누구 숙
蠶	누에 ᄌᆞᆷ	누에 잠
姉	누이 ᄌᆞ	누이 자
常	ᄂᆞ레 상	떳떳 상
翔	ᄂᆞ릴 상	날개 상
	ᄂᆞᆯ 상	
菜	ᄂᆞ물 채	나물 채

한자	제주어	표준어
官	귀 관	벼슬 관
敢	구테 감	귀티 감
文	글얼 문(북)	글월 문
	글홀 문(남)	
章	글얼 장(북)	글장 장
	글홀 장(남)	
字	글 제	글자 자
	글 ᄌᆞ	
	글ᄍᆞ ᄌᆞ	
籍	글홀 젹	호적 적
湯	끌릴 탕	끓을 탕
譽	기리 예	기릴 예
曰	ᄀᆞ를 왈(북)	갈 왈
	ᄀᆞᆯ 왈(남)	
河	ᄀᆞ람 하	물 하
擇	ᄀᆞ릴 텍	가릴 택
禪	떼다글선(북)	터닦을 선
	퇴다글선(남)	
總	도모지 총	다 총
亥	돋 회	돝 해
碣	돌 깔	돌 갈
戎	되 윤	되 융
腎	투테 신	자지 신, 콩팥 신
溫	ᄃᆞ실 온	따뜻할 온
棠	ᄃᆞᆯ 상	아가위 당
縣	ᄃᆞᆯ 현	달 현
而	말렬 이(북)	말이 이
	말리을 이(남)	
弗	말 불	아니 불
辭	말심 ᄉᆞ	말씀 사
司	맡을 ᄉᆞ	맡을 사

* 이 글은 「漢字의 濟州名」, 『제주도 자료집』, 보진재, 1971, 155~122쪽에 실린 것을 옮겨온 것이다.

한자	제주어	표준어
騰	ᄂᆞᆯ 등	날 등
濟	ᄃᆞ홀 제	건널 제
行	ᄃᆞᆼ길 행	다닐 행
	열 행	갈 행
垢	때 후	때 구
加	더을 가	가할 가
益	더을 익	더할 익
伏	덮을 복	업드릴 복
代	데수 데	역대 대
昆	ᄆᆞᆮ 곤	맏 곤
伯	ᄆᆞᆮ 벡	맏 백
竟	ᄆᆞ침 경	마침 경
終	ᄆᆞ침 종	마침 종
外	바 외	밖 외
必	반들 필	반듯 필
委	발를 위	버릴 위
學	배울 ᄒᆞᆨ	배울 학
密	빽빽ᄒᆞᆯ 밀	빽빽할 밀
列	버를 열	벌 열
羅	버릴 라	벌 라
森	버릴 ᄉᆞᆷ	나무빽빽히들어설 삼
發	버풀 발	필 발
宣	버풀 선	베풀 선
呂	법장 여	법측 려
律	법장 율	법측 률
仕	베실 ᄉᆞ(북)	벼슬 사
	베슬 사(남)	
履	ᄇᆞᆯ를 이	밟을 리
閏	부루 윤	윤달 윤
使	부릴 ᄉᆞ	하여금 사
瑟	부패 실(북)	비파 슬
	비파 실(남)	
率	빈 솔	거느릴 솔
踐	ᄇᆞᆯ를 천	밟을 천
藝	심을 예	재조 예
慈	ᄉᆞ랑 ᄌᆞ	사랑 자
男	아ᄃᆞᆯ 남	사나이 남
子	아ᄃᆞᆯ ᄌᆞ	아들 자
兒	아이 ᄋᆞ	아이 아
弟	아이 제	아우 제
坐	아질 좌	앉을 좌

한자	제주어	표준어
簣	멕 귀	둥구미 귀
姿	모양 ᄌᆞ	모양 자
浴	모용 욱	목욕 욕
退	무니갈 퇴	물러갈 퇴
膝	무럽 실	무릅 슬
染	문들 염	물들 염
埋	묻을 메	묻을 매
推	밀 취	밀 추
結	ᄆᆞ질 결	맺을 결
達	사무살 달	사무칠 달
洙	사숫물 수	물까 수
樵	삭다리 초	나무할 초
刻	새일 ᄀᆞᆨ	삭일 각
思	생각 ᄉᆞ	생각 사
淸	서느르울 청(남)	서늘 청
	식을 청(북)	
士	선비 ᄉᆞ	선비 사
性	성 성	성품 성
疏	소동 소	글 소
鐘	쐬급 종(남)	쇠북 종
	쐬봉 종(북)	
轂	수르튼 곡	수레 곡
林	술푸 림	수풀 림
惻	슬플 칙	슬플 측
賴	시네불 네	힘입을 뢰
師	시승 ᄉᆞ	스승사
乃	사 내(북)	이에 내
	산 내(남)	
媤	씨집 씨	시집 시
嚴	식식ᄒᆞᆯ 엄	엄할 엄
臣	신내 신	신하 신
悲	실ᄒᆞᆯ 비	슬플 비
飫	실ᄒᆞᆯ 어	싫을 어
絲	씰 ᄉᆞ	실 사
主	임 주	임금 주
也	입게 야(북)	이끼 야
	잇게 야(남)	
焉	입게 언(북)	이끼 언
	잇게 언(남)	
哉	입게 재(북)	이끼 재
	잇게 재(남)	

한자	제주어	표준어
晩	어두울 만	늦을 만
賢	어질 선	어질 현
善		착할 선
連	열 연	연할 연
羔	염 고	염소 고
禮	예둣 네	예도 례
階	오를 게	섬돌 계
阮	완장 완	성 완
李	외여 니	오얏 리
左	외일 좌	왼 좌
仰	울러릴 앙	우럴 앙
鳴	울 멩	울 명
覇	은뜸 패	으뜸 패
讀	이글 독	읽을 독
夙	이르 숙	이를 숙
斯	이 ᄉᆞ	이 사
習	익힐 십	익힐 습
事	일 ᄉᆞ	일 사,섬길 사
綺	집 기	깁 기
紈	집 환	깁 환
證	징홀 징	증할 증
殆	ᄌᆞ못 태	위태할 태
扌	ᄌᆞ방변	재방 변
莊	찰를 장	씩씩할 장
辶	챡빗김	책받침
勅	칙 칙	칙서 칙
冷	ᄎᆞᆯ 넹	찰 냉
盈	ᄎᆞᆯ 영	찰 영
寒	ᄎᆞᆯ 한	찰 한

한자	제주어	표준어
矜	자랑 극	자랑 긍
臨	쟁길 림	임할 임
潛	쟁길 잠	잠길 잠
短	줄를 단	짧을 단
冖	점어신갓머리	민간머리
正	정월 정	바를 정
才	제지 제	재조 재
禍	제화 화	재앙 화
從	쫓칠 종	쫓을 종
遵	쫏칠 죤	쫓을 준
逐	쫏칠 수	쫓을 축
死	죽을 ᄉᆞ	죽을 사
昃	지울 측	기울 측
讚	지일 찬	기릴 찬
悅	직글 열	기쁠 열
陶	질그를 도	질그릇 도
劍	칼 껌	칼 검
唐	탕국 탕	나라 당
墠	퇴다글 선(남)	터다글 선
	떼다글 선(북)	
邙	트 망	터 망
平	펭할 펭	평할 평
藍	푸릴 남	쪽 남
多	할 다	많을 다
羲	헥기 희	복희 희
陽	헷 냥=빛 냥	볕 양
獨	홀 독	홀로 독
一	ᄒᆞᆫ 일	한 일
鹹	ᄎᆞᆷ 함	짤 함

| 부록2 |

석주명 연보

연도별 행적과 학문적 업적

석주명은 『제주도 자료집』에서 1950년 7월 1일 현재 자신의 성과물을 학술적인 논저 101편, 잡문 180편으로 정리하고 있다. 여기서는 석주명의 『제주도 자료집』(보진재, 1971)의 〈저자의 업적목록 및 해설(학술편, 잡기편)〉, 이병철의 『석주명 평전』(그물코, 2011)의 〈생애연보 및 학술논문연보〉를 참고로 하여 작성된 윤용택 외 『학문 융복합의 선구자 석주명』(보고사, 2012)의 〈석주명 연보〉을 수정 보완하였다. 그의 행적(●)과 학술논저(○), 잡문(△) 및 타계한 이후에 있었던 석주명 관련행사(★), 관련논저(☆), 관련발표(*), 칼럼(+)을 중심으로 정리하였다.

1908년

- ● 10월 17일(음력 9월 23일) 평양 이문리에서 광주(廣州) 석씨 평양파의 30대손인 석승서(石承瑞), 전주 김 씨 김의식(金毅植)의 3남 1녀 중 2남으로 태어남

1914년(6세)

- ● 서당에 들어가 한문을 배움

1917년(9세)

- ● 평양 공립종로보통학교 입학(4월)

1921년(13세)

- ● 보통학교 졸업(3월), 평양 숭실학교 입학(4월)

1922년(14세)

- ● 동맹휴학으로 평양 숭실학교 중퇴하고 개성 송도고등보통학교로 전학(9월)

1926년(18세)

● 송도고등보통학교 제7회 졸업(3월)

● 첫 결혼

● 일본의 가고시마고등농림학교 농학과 입학(4월)

1927년(19세)

● 2학년 진급하면서 농학과 농예생물 전공선택(4월)

● 교내 에스페란토연구회에 참여하여 에스페란토 공부 시작

△ 에스페란토 학습에 관하여: *La Espero*, jar.1, no. 1(등사판쇄, 가고시마)

△ Unu Peco de Mia Travivitajo pri Esperanto: *La Espero*, jar.1, no. 2(등사판쇄, 가고시마)

1928년(20세)

● 오카지마 긴지 교수와 대만 채집여행(8월)

△ Du Impresoj: *La Espero*, jar.2, no.1(등사판쇄, 가고시마)

△ 에스페란토 이해: 『思想樹』, 창간호

△ Sentoj en Insulo Tante: 『土』(가고시마고농교우회잡지, no.2)

1929년 (21세)

● 가고시마고등농림학교 농학과[농예생물전공] 졸업(3월)

● 함흥 영생고등보통학교 박물교사 취임(4월)

● 첫 부인과 사별

1930년 (22세)

△ 국제어 에스페란토: 평양매일신문(10월 26~28일)

1931년 (23세)

● 모교인 개성 송도고보에 생물교사로 취임(4월)

1932년 (24세)

○ 첫 학술논문 「조선 구장지방산 나비목록」1-3을 高塚豊次 공저로 *Zephyrus*,

vol.4[4](1932), vol.5[4](1934), vol.7[1] (1937)에 발표

△ Papilioj en Sondo, Koreujo: 『송경곤충연구회회보』, no.1(등사판쇄, 개성)

△ 나비의 계절형(제1보): 위의 책

△ 나비의 제2차 性的 형질(제1보): 위의 책

△ 때 아닌 계절형 나비를 채집함: 위의 책

1933년 (25세)

● 미국 하버드대학 바버(T. Barber) 박사 재정지원으로 백두산 채집여행(7월~8월)

○ 개성지방의 나비: 『조선박물학회잡지』, no.15(1933); 보정판: no.35 (1942)

○ 조선산 나비의 미기록종, 이상형 및 은점표범나비 얼룩무늬의 변이성에 대하여: 『조선박물학회잡지』, no.15

△ 에스페란토론: 『송우』(송도고보교우회잡지), no.7

1934년 (26세)

● 김윤옥과 두 번째 결혼

● 금강산을 비롯한 강원도 채집여행(5월)

● 함경북도와 간도의 용정지방 채집여행(8월)

○ 백두산지방 동물채집기 附 개성산 살모사: 『조선박물학회잡지』, no.18

○ 백두산지방산 나비채집기: *Zephyrus*, vol.5[4](1934)

○ 조선산 나비연구 제1보: 『일본가고시마고등농림학교 25주년기념논문집』, 전편(1934); 제2보: 『가고시마 박물동지회연구보고』, no.1(1942)

○ 조선산 기형나비: 『일본 가고시마고등농림학교 25주년기념논문집』, 전편(1934); 조선산 이형 및 기형나비: 『가고시마박물동지회연구보고』, no.1(1942)

△ 본년도 제2학년생도 채집 나비목록: 『송우』, no.8

1935년 (27세)

● 외동딸 윤희 출생(3월 19일)

● 충청남도와 전라남북도 일대 채집여행(7월~8월)

○ 난도(卵島)견학기: 『문교의 조선』, no.114

○ 삼각지(三角紙)들의 나비표본 보존용기: 『식물및동물』, vol.3

○ 나남(羅南)지방산 나비목록: *Zephyrus*, vol.6[1/2](1935), 제2보: vol.9[3/4]

○ 5월 말의 금강산 나비: *Zephyrus*, vol.6[1/2](1935)

○ 성적(性的) 이상의 꿩: 『식물및동물』, vol.3

○ 애물결나비의 변이연구와 그 학명에 대하여: 『일본동물학잡지』, vol.47(1935); (속) 조선산 애물결나비의 변이연구: 『일본동물학잡지』, vol.53(1941)

1936년 (28세)

● 전라남도 해안(5월~6월)과 제주도(7월~8월) 채집여행

○ 세줄나비와 깊은산부전나비의 2신종에 대하여: 『일본동물학잡지』, vol.48

○ 조선산 배추흰나비의 변이연구: 『일본동물학잡지』, vol.48

○ 신종 스나이더어리표범나비에 대하여: *Zephyrus*, vol.6 [3/4](1936); vol.7[4](1938)

○ 조선 동북단지역산 접류채집기: *Zephyrus*, vol.6[3/4] (1936)

○ 조선산 소위 은점표범나비의 변이와 그 학명에 대하여: 『조선박물학회잡지』, no.21

○ 조선산 대륙유혈목이와 살모사에 대하여: 『조선박물학회잡지』, no.21

○ 지리산의 나비: 『식물및동물』, vol.4

○ 조선산 가락지장사나비에 대하여: 『일본동물학잡지』, vol.48

△ 행운의 암먹부전나비: *Zephyrus*, vol.6[2]

1937년 (29세)

● 경상남도 일대 채집여행

● 일본 홋카이도제국대학에서 열린 일본동물학회 학술대회에 참가해 강연한 뒤 사할린과 홋카이도 일대 채집여행(8월)

○ 일본산 두 가지 나비: 『곤충계』, vol.5

○ 조선산 사향제비나비의 변이연구: 『곤충계』, vol.5

○ 다물리도의 나비, 완도의 나비: 『곤충계』, vo1.5(1937), vol.6(1938)

○ 조선산 멧노랑나비에 대하여: 『나비와갑충』, vol.2

○ 유리창나비에 대한 지견: 『곤충세계』, vol.41

○ Prof. H. Kuwano's Collection of Butterflies from China: Annot, *Zoo*. Japan, vol.16

○ 2신아종의 나비에 대하여: Zephyrus, vol.7[1](1937)

○ 조선산 굴뚝나비의 변이연구: 『일본동물학잡지』, vol.49

○ 제주도산 나비채집기: *Zephyrus*, vol.7[2/3](1937)

○ 조선산 진기하고 희귀한 나비 신산지 제1-2보: *Zephyrus*, vol.7[2/3](1937), vol.9.[2](1941)

○ 조선산 기형나비 집보 I-VIII: 『식물및동물』, vol.5(1937), vol.6(1938)

△ 남조선동물채집기: 『송우』, no.10

△ 재류동경송우에 둘러싸여: 위의 책

△ 세분론자(Spilitter)와 통합론자(Lumper): 『조선박물학회회보』, no.2

△ *Catalogue of the Collection of Avifauna in the Wasson Museum of the Songdo High school* (장재순 군의 도움으로 된 것인데 L. H. Snyder 명의로 나온 단행본 책자)

△ 제주도의 회상: 『지리학연구』, vol.14[5]

△ 조선산 굴뚝나비의 변이연구: 일본동물학회 제13회대회신문(강연문)

△ 경주 토함산 채집: 『곤충계』, vol.5[43]

△ 히메지로나비, 기형 및 약간의 술어 등에 관한 질의에 대한 응답: 『나비와 갑충』, vol.2[2]

1938년 (30세)

● 일본 도쿄제국대학 학술대회에서 논문발표

● 영국 왕립아시아학로부터 『조선산 나비 총목록』의 집필 의뢰받음

● 묘향산을 비롯한 서조선 일대 채집여행(8월)

● 일본 학술진흥회의 추천으로 국고 연구비를 보조받음(11월)

○ 조선산 나비의 2신형에 대하여: *Zephyrus*, vol.7[4] (1938)

○ 조선산 황세줄나비에 대하여: *Zephyrus*, vol.7[4](1938)

○ 조선산 *Limenitis* 중 근사한 3종에 대하여: 『동물학잡지』, vol.50

○ 조선산 물결나비의 변이연구: 『동물학잡지』, vol.50

○ 조선산 꼬리명주나비에 대하여: 『동물학잡지』, vol.50

○ 조선산 은점팔랑나비에 대하여: 『동물학잡지』, vol.50

○ 조선산 나방류의 연구 제1보: 『경성박물교원회지』, no.1

○ 사할린, 홋카이도 나비채집기: 『곤충계』, vol.6

○ 줄흰나비에 관한 연구: 『일본동물학회보』, vol.17

○ 울릉도산 나비: *Zephyrus*, vol.8[1/2](1938)

○ 조선산 조선줄나비사촌에 대하여: 『식물및동물』, vol.6

○ 조선산 지옥나비속(屬)의 수종의 관계있는 문헌: 『조선박물학잡지』, no.24

△ 표본의 동정과 발표: 『조선박물학회회보』[4]

△ 사할린 여행: 『지리역사연구』, 15[2]

△ 조선에 기후나비가 정말로 있는가: 『곤충계』, vol.6[48]

△ 조선산 굴뚝나비의 변이연구: 『동물학잡지』, vol.50[4]

△ 졸저 주요논문 목록 및 해설: 『곤충계』, vol.6[51]

△ 부산의 붉은점모시나비에 대하여: 『곤충세계』, vol.2 [7-8]

△ 일본 버나드 쇼 선생 유래: *Zoologica Dematobica*, no.1

1939년 (31세)

● 북경, 만주, 몽골 채집여행(8월)

○ 벚나무모시나방에 대하여: 『경성박물교원회지』, no.2

○ 일호(一濠) 남계우(南啓宇)의 나비그림에 대하여: 『조광』, no.Jan(1939), 제2보: 『조선박물학회잡지』, no.28(1940), 南나비傳: 『조광』, no.Mar (1941), 제3보 남계우의 나비에 대하여: 『寶塚昆蟲館報』, no.28(1943)

○ 함경산뱀눈나비의 변이연구: 『송우』, no.11

○ 개마고태산 나비채집기 I-II: 『곤충계』, vol.7

○ 조선산 봄처녀나비의 변이연구: 『관서곤충학회보』, no.8

○ 외지산 기형 이형의 나비 집보: 『곤충계』. vol.7

○ 조선산 나비의 연구사: 『조선박물학회잡지』, no.26

○ 나비 관련 조선고전의 해설: 『조선박물학회잡지』, no.26

○ 중국 및 몽고산 나비류의 신산지: 『동물학잡지』, vol.51

○ 만주산 나비목록: 『동물학잡지』, vol.51[(1939), 제2보: 만주생물학회보, vol.5 (1943)

○ 함북 고지대산 나비채집기: 『조선박물학회잡지』, no.27

○ 느티나무를 해치는 노린재 몇 종의 생활사와 그 구제법: 곤충, vol.13; 『동물학잡지』, vol.52

○ *A Synonymic List of Butterflies of Korea* 원고 탈고(3월)

△ 린네의 두 저서: 『조선박물학회회보』, no.6

△ 60만 종의 동물계의 기현상: 『조광』, 6월호(평양방송국 '동물의 종류 이야기' 방송 원고)

1940년 (32세)

● 국제인시류학회 정회원에 피선

● 함경남북도와 만주 일대 채집여행(7-8월)

○ *A Synonymic List of Butterflies of Korea*(The Korean Branch of the Royal Asiatic Society, Seoul) 발간

○ 개마고대산 나비: *Zephyrus*, vol.8[3/4](1940)

○ 조선 동북지방산 나비채집기: *Zephyrus*, vol.8[3/4] (1940)

△ 조선산 나비연구사: 『조광』, 2월호(경성중앙방송국 '조선산 나비연구사에서 홍미 있는 2건' 원고)

△ 등산취미: 『송우』, no.12

△ 졸업생명부: 『송우』, no.12

△ 조선의 옛 나비그림(남계우의 나비그림에 대하여): 『동물학잡지』, vol.52[2]

△ 스사비오 선생의 편영(片影): 守屋荒美雄傳

△ 조선 나비 이야기: 『조광』, 5월호(경성중앙방송국 방송원고)

△ 조선산 나비개론: 조선일보(7월 21~22일)

△ 조선반도의 특수성을 나타낸 수종의 나비류에 대하여: 『일본학술협회 16차대회보』

△ 동창회원명부: 『송도중학동창회보』, no.1(1940), no.2(1941)

1941년 (33세)

● 조복성과 중강진을 비롯한 압록강 유역과 평안북도 일대 채집여행(8월)

● 송도중학교 창립 35주년 기념식에서 근속 10주년 표창 받음(10월)

○ 조선반도의 특수성을 나타낸 수종의 나비류에 대하여: 『일본학술협회보고』, no.16

○ 홍안령, 해납이(海拉爾) 및 만주리의 나비: 『만주생물학회보』, vol.4

○ Ginandromorqs de Pieris napi Linne f. dulcinea Bulter: 『일본동물학회보』, no.20

○ 관모연봉산 나비채집기: *Zephyrus*, vol.9[2](1941)

○ 조선산 노랑나비의 변이연구: 『동물학잡지』, vol.53

○ 조선에 많은 나비 5종의 변이 및 분포연구: 『조선박물학회지』, vol.8, 조선산 남방씨알붐의 변이연구 추보: 『조선박물학회지』, vol.9
△ 일호 남계우 나비그림에 대하여: 고려시보, 145호(1월 1일)
△ 平壤派 石氏 家系圖 및 平壤派 石氏 世譜圖(등사판쇄)
△ 북만주 여행에 대한 회상: 『송우』, no.13
△ 몽고인의 片想: 『박문』, vol.4[1]
△ 석주명 주요업적 목록 및 해설
△ 이웃사촌: 고려시보, 제151호(4월1일자 5면)
△ 寶塚昆蟲館에 진열된 조선산 나비목록: 보총문예도서관월보, 6[5]
△ 제주도의 곤충: 『문화조선』, vol.3[4](청풍호, 제주도특집)
△ 故重松達一郎 先生: *La Revuo Orienta*, jar. 22[8]
△ 호랑나비 날개가루 재전사 수기 부기(胡蝶鱗粉再轉寫手技 附記): 四不像[12]

1942년 (34세)

● 송도중학교 사직(3월 31일)
● 나비표본 60만 마리 송도중학교 교정에서 화장(4월 18일)
● 경성제국대학 의학부 미생물학 교실 소속인 개성의 '생약연구소'에 촉탁으로 들어감
● 개마고원 일대 채집여행(6월 17일~7월 16일)
● 경기도, 강원도, 경상남북도 채집여행(8월 2~23일)
● 서울 미나카이백화점에서 '세계의 나비전람회' 개최(9월 2일~16일)
○ 평북 압록강연안지대산 나비채집기: 『조선박물학회잡지』, vol.9
○ 만주국산 나비에 관한 주의할 3저서에 대하여: 『일본동물학잡지』, vol.54
○ 청노린재와 송충이: 『채집과 사육』, vol.4
○ 적송의 기형적 솔방울무리에 대하여: 『채집과 사육』, vol.4
○ 봄처녀나비의 크기와 안문(眼紋)과의 상관관계에 대하여: 『일본동물학잡지』, vol.54
○ 조선산 뱀눈나비의 변이연구: 『일본동물학잡지』, vol.54
○ 고(故) 우종인 군이 채집한 대만 나비 목록: 『곤충계』, vol.10
○ 영홍지방의 나비: 『조선박물학회잡지』, vol.9
○ 평안남도의 나비: 『조선박물학회잡지』, vol.9

△ 뱀 기르기: 四不像[12]

△ 알림(나비전시회): 『조선박물학회잡지』, vol.9[35]

△ 60만 마리 나비화장: 『식물 및 동물』, vol.10[10]

1943년 (35세)

● 경성제국대학 생약연구소 제주도시험장으로 전근(1943년 4월~1945년 5월)

● 제주도 방언 수집 시작(4월)

○ 조선산 나비표본 목록(수원농사시험장所藏): 『조선총독부농사시험장휘보』, vol.15

○ 북조선 나비채집기: 『조선박물학회잡지』, vol.10

○ 남조선 나비채집기: 『조선박물학회잡지』, vol.10

△ 배추흰나비: 『과학시대』, 창간호

* 시바타니(柴谷 篤弘, 1920~2011), 네발나비 과(科)에 '석'자를 딴 세오키아(*seokia*) 라는 속(屬, Genus)을 설정하고 홍줄나비 학명을 *Seokia pratti*로 헌정.

1944년 (36세)

△ 마라도 엘레지: 城大學報, 제80호

● 제주도 인구조사 시작(2월)

1945년 (37세)

● 제주도시험장에서 2년 1개월 만에 개성 본소로 복귀(5월)

● 수원농사시험장 병리곤충학부장으로 부임(5월)

※ 8·15 해방

● 조선에스페란토학회 창립 발기인(12월 15일)

○ 제주도의 여다(女多)현상: 『조광』, no.20

△ 제주도의 나비: 『과학시대』[19]; 『조광』, 11[1]

1946년 (38세)

● 경성대학에서 에스페란토 강연(2월 16일)

● 조선산악회 제1회 정기총회에서 이사로 선출됨(6월 28일)

● 조선산악회 주최 제2차 국토구명사업 '오대산 · 태백산맥 학술조사' 참가(7월 25일~8월 12일)

● 국립과학박물관 동물학 연구부장 취임(9월)

○ 제주도 지명을 포함한 동식물명: 『국립과학박물관동물학부연구보고』, vol.1

○ 경성대학부속 생약연구소 제주도 시험장 부근의 나비상: 『국립과학박물관동물학부연구보고』, vol.1

○ 제주도 남단부의 자연, 더욱이 그곳의 나비상에 대하여: 『국립과학박물관동물학부연구보고』, vol.1

△ 아명고(兒名考)[평양지방]: 『향토』, 9월호

△ (제주도)토산당유래기: 『향토』, 9월호

△ 태백산의 나비: 『민성』, 10호

△ 생활과학화: 《현대과학》, 제3호

1947년 (39세)

● 조선산 나비를 248종으로 분류하고 조선말 이름을 지어 '조선생물학회'를 통과시킴(4월 5일)

● 조선산악회가 북한산에서 주최한 제1회 시민식목대회에서 강연(4월 6일)

● 제3차 국토구명사업 '소백산맥 학술조사' 참가(7월12-25일)

● 국학대학에서 에스페란토를 제2외국어 선택과목으로 채택하자 강의를 맡음(12월)

○ 『중등동물』 교과서 발간

○ 『중등과학 생물』 4,5학년용 발간

○ 『국제어 에스페란토 교과서 附 소사전』(한국에스페란토학회) 발간

○ 조선산접류총목록: 『국립과학박물관동물학부연구보고』, vol.2

○ 말, 나귀, 노새, 버새: 《현대과학》, no.6

○ 『조선 나비이름의 유래기』(백양당) 발간

○ 제주도의 나비류: 『국립과학박물관동물학부연구보고』, vol.2

○ 『제주도 방언집』(제주도 총서 1권, 서울신문사) 발간

○ 탐라고사[耽羅古史]: 『국학』, no.3

○ 조선산 암먹부전나비 변이연구, *Zephyrus*, vol.9[4]

△ 세계적인 천연기념물 광릉의 벌목은 대죄악: 자유신문(3월 11일, 2면)

△ 과학과 협력:《신천지》, 3 · 4월 합병호

△ 에스페란토 창안자 자멘호프박사 30주기:《서울신문》(4월 15일)

△ 병아리의 죽엄:《서울신문》(5월 24일)

△ 꿈과 과학자:《서울신문》(6월 17일)

△ 우리 동물계①②: 주간《소학생》, 제43호, 제,44호

△ 남나비선생: 주간《소학생》, 제45호

△ 봄의 동물: 주간《소학생》, 제46호(5월호)

△ 칼찬 선생님: 주간《소학생》, 제47호(6월호)

△ 조선적 교육체제: 자유신문(6월 30일)

△ 권투와 종교:《서울신문》(7월 26일)

△ 소백산맥의 나비채집기:《서울신문》(8월 16일)

△ 산악과 곤충:《서울신문》(8월 16일)

△ 울릉도의 연혁:《서울신문》(9월 2일)

△ 울릉도의 자연:《서울신문》(9월 9일)

△ 가을의 동물계:《소학생》, 9월호

△ 소백산맥의 나비:《소학생》9월호

△ 등산과 채집:《서울신문》(9월 27일)

△ 향토와 생물:《서울신문》(10월 28일)

△ 박물학자 '린네':『새동무』, 제10호

△ 과학이야기:『새동무』, 제11호

△ (속)조선적 교육체제: 자유신문(12월 1일)

△ 제주도와 울릉도:《소학생》, 10월호

△ 과학:『한보』, 22(복간 제2호)

△ 울릉도와 개구리:『금융조합』, 12(개신확대호)

△ 울릉도를 다녀와서:《소학생》, 11월호

△ 최현배 씨 저『글자의 혁명』서평:《동아일보》(8월 3일)

△ 생식과 생활사:《서울신문》(12월 20일)

△ 공업과 학교: 공업신문(11월 23일)

△ 창간사:《과학나라》, 창간호

△ 생활사라는 말:《과학나라》제1권 제2호

△ 체온과 이:《과학나라》제1권 제3-4호

1948년 (40세)

● 김윤옥과 이혼

● 홍익대학에서 에스페란토어 강의(8월)

● 제5차 국토구명사업 '차령산맥 학술조사' 대장으로 참가(8월 17~29일)

○ 제주도의 상피병:『조선의보』, vol.2

○ 국학과 생물학(김정환 편, 현대문화독본;《서울신문》학예란에 연재되었던 과학수필 중 5편을 재편한 것)

△ 생물학계의 진로:《서울신문》(1월 6일)

△ 조선의 자태: 제주신보(2월 6일)

△ 방언과 곤충:《서울신문》(2월 8일)

△ 우리 국호와 연호와 글:《신천지》, 2월호

△ 울릉도의 인문:《신천지》, 2월호

△ 나무를 심그자:『민성』[4]

△ 버섯과 곰팡이는 사촌격: 주간서울, 제6호)

△ 학술계에 있어서의 에스페란토의 지위:《신천지》, 6월호

△ 조선농작물의 병충해문제:『농지개발』, 제4호

△ 곤충채집: 어린이, 8월호(125호)

△ 울릉도의 하루밤:《현대과학》, 8

△ 새교육을 이야기하는 밤:《현대과학》, 8

△ 안장관에게 보내는 공개장: 주간서울, 제8호

△ 사랑과 자살:《신천지》, 8월호

△ 어느 날의 꿈 속의 꿈(詩):『농지개발』, 제6호

△ 나의 장수법:『학풍』, 창간호

△ '도봉섭 · 심학진 공저『조선식물도설 유독식물편』서평:《서울신문》(10월 21일)

△ 제주도청론(濟州島廳論): 제주신보(10월 20일)

△ 동물학연구실 소개:《과학나라》, 2권 1호

1949년 (41세)

● 제6차 국토구명사업 '선갑도 덕적군도 학술조사' 대장으로 참가(6월 11~17일)

● 제7차 국토구명사업 '다도해 총해 학술조사' 대장으로 참가(8월 9~24일)

● 조선에스페란토학회 제5회 강습회 지도(8월)

● 서울대 상대에서 에스페란토 강습회 지도

○ 『제주도의 생명조사서-제주도의 인구론』(제주도 총서 2권, 서울신문사) 발간

○ 제주도 방언과 필리핀어: 『조선교육』, vol.3

○ '남녀수의 지배선'의 위치-제주도 통계에 대하여: 『대한민국 통계월보』, no.5

○ 『제주도관계문헌집』(제주도 총서 3권, 서울신문사) 발간

○ 이양하, 권중휘 편 『영한사전』 공저(생물술어 450개)

△ 나의 지표: 독립신보(1월 7일)

△ 겨울의 동물(1-2): 『진달래』, 창간호, 2월호

△ 평화를 상징하는 비둘기 이야기: 학생신문, 제80호(1월 1일), 제81호(2월 14일)

△ 한국산 나비연구의 광명: 《서울신문》(2월 23일)

△ 에스페란토론: 《신천지》, 제4권 제2호

△ 지식과 취미와 교양: 《신천지》, 제4권 제2호

△ 곤충 · 언어 · 민족: 학생신문, 제83~85호

△ 언어정책에 대한 소감: 주간서울, 제30호(3월 제3주)

△ 삼림과 문화인의 각오: 《연합신문》(4월 3일)

△ 조성복 저 『곤충기』 서평 : 《서울신문》(4월 11일)

△ 신문기사로 본 해방후 1년간의 제주도: 『학풍』, 제2권 제1호

△ 신문기사로 본 해방후 둘째해의 제주도: 『학풍』, 제2권 제2호

△ 신문기사로 본 해방후 세째해의 제주도: 『학풍』, 제2권 제3호

△ 교사와 학자: 『새교육』, 제5호

△ 소위 문화인의 악취미: 태양신문(5월 27일)

△ 과학과 에스페란토: 《신천지》, 제4권 제6호

△ 대학생과 어학공부: 『국학학보』, 제4호

△ 동물 사로잡기: 《과학나라》, 제3권 3호(경성중앙방송국 어린이방송 원고)

△ 세계 각국 인구: 『조선교육』, 제3권 4호(6월호)

△ 산악취미: 《연합신문》(7월 19일)

△ 에스페란토론(상,하):《국도신문》(7월 19~20일)

△ 산림과 산악회:『산림』, 제2호

△ 일본을 바로보자(상,하):《연합신문》(8월 5~6일)

△ 전후 일본의 에스페란토 운동:《연합신문》(8월 31일)

△ 다도해답사기(상,하):《국도신문》(9월 3~4일)

△ 시감삼제(時感三題):《국도신문》(9월 7일)

△ 소위 '신구(神龜)'의 정체: 평화일보(9월 10일)

△ 다도해의 종합보고:《연합신문》(9월 14일)

△ 청해구(青海龜)의 해설(강진의 소위 '신구'의 정체):《국도신문》(9월 16일)

△ 에스페란토신문(상,중,하):《연합신문》(9월 23~25일)

△ 신문과 과학:《서울신문》(9월 28일)

△ 병과 약가(藥價):『현대공론』, 상추호(爽秋號)

△ 권위:《현대과학》, no. 10

△ 추자해협:《국도신문》(11월 1일)

△ 영어와 에스페란토:《연합신문》(11월 5일)

△ 제주명산 '불로차'예찬: 불로차제조본포서울출장소 선전지

△ 우리나라 대표나비:『첨성대』, 제2호

△ 대학 · 중용 · 소학:《연합신문》(11월 20일)

△ 제34차 에스페란토만국대회:《연합신문》(11월 27일)

△ 과학성의 빈곤:《주간연합》, 제2호

△ 박물학자의 전기 '린네':『과학시대』, no. 7(서울중앙방송국 어린시간 방송 내용)

△ 론돈새:《과학나라》, 제3권 5호

△ 세계평화와 언어정책:《연합신문》(7월 16일)

△ 학구의 변: 태양신문(12월 30일)

△ 나비채집 20년 회고록(1,2):《신천지》(1949년 11월호, 1950년 1월호)

1950년(42세)

● 한국산악회 제5회 정기총회에서 부회장으로 피선

○ 대한민국의 여다(女多)지역: 대한민국통계월보.

○ 제주도 방언과 말레이어馬:『어문』, vol.2

○ 덕적군도 학술조사보고:《신천지》, vol.5

△ 전북 여러 도서(島嶼)의 학술탐사를 마치고: 서울신보(1월 2일)

△ 한자제한론:《연합신문》(1월 15일)

△ 광고와 직명:《연합신문》(2월 21일)

△ 가거도 탈출기:《신천지》, 2월호

△ 천국과 지옥:《주간서》울, 79호

△ 무제록(無題錄):《주간서울》, 80호

△ 범 이야기:《과학나라》, 4권 1호

△ 신문기사로 본 해방 후 네째해의 제주도:《제주신보》(부록 제1호, 4월 5일)

△ 생산과 건국:《서울신문》(4월 23일)

△ 봄과 나비: 주간서울, 84호

△ 제주시조 고 · 양 · 부 삼씨고(三氏考):《주간서울》, 87호

△ 나비분포도:《월간 아메리카》, 5월호

△ 만년필과 피아노:《주간서울》, 90호

△ 변천하는 자살의 실태: 태양신문;한성일보;《연합신문》(6월 14일)

△ 생물학과 영한사전:《신천지》, 6월호

△ 천연기념물 보존에 대하여:《신천지》, 6월호

△ 나비이야기: 어린이신문》, 제173호, 제174호, 제175호, 176호

△ 나비잡이 여담(餘談):《만화신문》(6월 12일)

※ 6 · 25 한국전쟁 발발

● 9 · 28 서울수복 직전 국립과학관 화재로 나비표본 15만 마리 소실

● 10월 6일 향년 42세로 충무로 근처에서 술 취한 청년들에 피격되어 횡사

석주명 사후에 이루어진 일

1951년

* 노무라(野村 健一, 1914~1993) 『곤충학입문(昆蟲學入門)』(도쿄, 北隆館)에서 석주명 이론 소개

1954년

* 다카지마(高島 春雄, 1907~1962), 일본 동물학회지에 「석주명 추도기」 발표

1955년

* 시로즈(白水 隆, 1917~2006), 흑백알락나비(*Hestina japonica seoki SHIROZU*) 학명에 '석(SEOKI)' 자를 헌정
* 대한생물학회 및 한국산악회, 고(故) 석주명 선생 5주기 추도회, 서울대학교 대강당 (10월 6일)

1956년

* 야스마스(安松 京三, 1908~1983), 『응용곤충학(應用昆蟲學)』(도쿄, 朝倉書店)에서 석주명 이론 소개

1960년

★ KBS라디오 '빛을 남긴 사람들, 석주명 편' 방송[연출: 홍종화, 작가: 최헌]

+ 미승우, 칼럼 「나비학자 석주명 선생 10주기를 맞아」, 《조선일보》(10월6일)

1964년

★ 대한민국 정부 건국공로 훈장 추서

1965년

* 김광협, 석주명 모델 산문시 '어느 곤충학자의 죽음' 발표(6월, 서울대 대학신문)

1968년

○ 유고집 『제주도 수필』 발간(보진재)

1969년

* 한창영, 「석주명 선생」, 『제주도』 통권 41호

1970년

* 강영선, 「석주명」, 〈한국근대인물백인선〉(『신동아』 1월호 부록)에 실림.
○ 유고집 『제주도 곤충상』 발간(보진재)

1971년

○ 유고집 『제주도 자료집』 발간(보진재)

1972년

○ 유고집 『한국산 접류의 연구』 발간(보진재)
★ 부산에스페란토고려소학회에서 석주선 교수와 경북에스페란토학회장 이종하 교수를 초청하여 〈석주명의 생애와 업적〉 강연회 개최(11월)
★ 부산 남산여고에서 '석주명 추모회'를 겸한 자멘호프 탄신제 거행(12월 15일)

1973년

○ 유고집 『한국산 접류 분포도』 발간(보진재)

1976년

* 서광운, 「석주명과 우장춘」, 월간 『뿌리깊은나무』(6월호)
* 김덕형, 『한국의 명가』(일지사.《주간조선》 연재기사 묶음)에 '석주명' 실림

1976년

* 미승우, 「나비연구에 바친 일생」, 『세대』(6월호); 『잊을 수 없는 사람, 석주명』, 『열매』(6월호)
* 오봉환, 「나비연구가의 나라사랑」, 전집물 『한국인물사』에 실림

1980년

★ KBS TV 특집 프로 〈석주명〉 방영(10월)

1981년

★ 서울 탑골승방에 안치되었던 유골을 경기도 광주 능골에 안장(9월 23일)

★ 단국대 석주선기념관에서 '석주명 선생 추모강연회' 열림(10월 10일)

1983년

* 『동아원색세계대백과사전』에 '석주명' 소개

★ 유고집 『한국산 접류 분포도』 출판된 지 10년 만에 서점에 배포(12월 27일)

1984년

* 이병철, 「나비와 더불어 한평생」, 월간 『열매』(1983, 12월호, 1984, 1, 2월호); 「외곬 인생의 나비박사 석주명」, 월간 『한국인』(3월호)

1985년

☆ 시바타니(柴谷篤弘, 1920~2011), 「석주명」, 『야도리가』 제123호(일본인시학회)

☆ 이병철, 인물평전 「석주명」 발간(동천사)

1987년

☆ 시바타니, 「재설 석주명」, 『야도리가』 제128호(일본인시학회)

1989년

☆ 이병철, 『나비박사 석주명 평전-위대한 학문과 짧은 생애』 (아카데미서적) 발간

1990년

* 초등학교 교과서 『탐구생활6-1』에 '한국의 나비박사 석주명' 실림

* 이병철, 「석주명과 제주도」, 제주도연구회 44회 연구발표회(5월 26일)

1992년

○ 유고집 『한국 본위 세계박물학 연표』 출간(신양사)

○ 유고 석주명 글모음집 『석주명 나비채집 20년의 회고록』 발간(신양사)

○ 어린이용 석주명 글모음집 『나비박사 석주명의 과학나라』 발간(현암사)

1993년

☆ 한글판 『브리태니커 백과사전』에 '석주명' 소개

1994년

☆ 이병철, 『나비박사 석주명 평전-위대한 학문과 짧은 생애』 발간(성현출판사)

☆ 이병철, 어린이용 위인전 『석주명』(계몽사) 발간

☆ 박상률, 어린이용 위인전 『석주명』(사계절) 발간

1996년

* 초등교육 국어 교과서 『읽기3-2』에 '석주명' 실림

1997년

☆ 이병철, 「나비박사 석주명의 생애와 학문」, 『과학사상』제21호(범양사출판부)

☆ 문만용, 「조선적 생물학자 석주명의 나비분류학」 석사학위 논문(서울대 대학원)

1998년

★ 문화관광부, 석주명을 '4월의 문화인물'로 선정

☆ 이병철, 소책자 〈4월의 문화인물〉 발간(문화관광부)

2000년

★ 제주전통문화연구소 주최 2000년 학술세미나(10월 7일, 제주민예총회의실)
〈제주학 연구의 선구자 故 석주명 선생 재조명〉

* 전경수, 「석주명의 학문세계: 나비학과 에스페란토, 그리고 제주학」

* 강영봉, 「제주어와 석주명」

* 홍순만, 「제주도학 연구와 석주명 선생의 공헌」

* 이승모, 「석주명 선생 회고」

* 한림화, 「국학자 석주명의 생애에 대한 고찰」

2001년

☆ 전경수, 「석주명의 학문세계: 나비학과 에스페란토, 그리고 제주학」, 『민속학연구』8집

2002년

☆ 강영봉, 「제주어와 석주명」, 『탐라문화』 제22호(제주대 탐라문화연구소)

☆ 이병철, 『석주명 평전』 개정신판 발간(그물코)

+ 문무병, 칼럼 「제주를 사랑한 나비박사」, 《한라일보》(12월 21일)

2003년

★ 석주명 선생 기념비 제막(6월 11일, 서귀포시 토평동 사거리)

★ 서귀포시 석주명 선생 학술세미나(6월 11일, 서귀포시청)
〈제주학의 선구자, 나비박사 석주명 선생의 삶〉

* 오성찬, 「석주명 선생의 생애와 제주에서의 업적」

* 김성수, 「석주명과 제주도의 나비」

* 강영봉, 「석주명의 제주도 방언집에 대하여」

* 전경수, 「석주명 선생의 업적과 향후 과제」

+ 윤용택, 칼럼 「석주명기념관 건립을 제안하며」, 《제주일보》(6월 16일); 《서귀포신문》(6월 19일); 《제주문화포럼 소식지》(7월호)

2004년

★ 오성찬, 석주명 실명소설 『나비와 함께 날아가다』(푸른사상) 출판기념회(4월 10일)

+ 김학준, 칼럼 「석주명선생기념박물관」(한라일보, 4월 16일)

2005년

★ 한국에스페란토협회 주관 선구자의 날(Tago de Pioniro)에 홍성조.길경자 편, 『나비박사 석주명 선생』 기념문집 출판기념회(5월, 한국외대)

☆ 곽종훈, 「석주명, 국제어 에스페란토 교과서」, *La Laterno Azia*, Aprilo.

★ 석주명선생기념사업을 위한 세미나(10월 19일, 제주도난대림연구소)

* 오성찬, 「나비박사 석주명의 생애와 학문적 업적」

* 남상호, 「나비연구에 일생을 바친 석주명 선생」

☆ 이유진, 「석주명 '국학과 생물학'의 분석」, 『철학사상문화』 제2호(동국대 동서사상연구소)

2006년

★ 에스페란토 도입 100주년 기념행사 일환으로 나비박사 석주명 기념엽서 발행

★ 석주명선생기념사업회 발기인 대회(제주대, 12월 8일)

+ 강문규, 「다시 보는 석주명 선생과 제주도」(한라일보, 12월 12일)

2007년

★ '석주명선생기념사업회' 창립 및 기념세미나(3월 24일, 제주도난대림연구소)

* 문태영, 「변이에 대한 석주명의 인식과 실험」

* 이영구, 「석주명과 평화의 언어 에스페란토」

* 강만생, 「석주명 선생과 제주도」

+ 윤용택, 칼럼 「석주명 선생 업적 재조명, 제주도가 앞장서야」, 《제주대신문》(5월 16일)

2008년

★ 석주명 선생 탄생 100주년 기념세미나(12월 20일, 제주도민속자연사박물관)

* 이영구, 「석주명 선생과 에스페란토 정신」

* 김태일, 「석주명 선생 활동기반이었던 아열대농업연구소 보존과 활용」

* 강영봉, 「석주명의 제주어와 몽골어」

* 최낙진, 「석주명의 제주도 총서의 출판학적 의미」

★ 한국에스페란토협회 〈석주명 선생 탄생 100주년을 회고하며〉 강연회(서울유스호스텔)

★ 한국과학기술원 한림원 '명예로운 과학자'로 선정됨

+ 송상용, 칼럼 「토종과학자 석주명」, 《한겨레신문》(11월 11일)

★ 서귀포문화원에서 석주명의 〈제주도 총서〉를 〈서귀포문화원 연구총서〉로 복간

2009년

★ 석주명 관련자료 전시회 〈나비의 길, 바람에 실리다〉 (2월 2일, 제주도 민속자연사박물관)

★ 석주명 한국과학기술원 한림원 '과학기술인명예의전당'에 헌정

★ 〈닮고 싶은 과학자 나비박사 석주명의 Life Story 포럼〉 개최 및 석주명 선생 미공개 유품과 사료들 일반에 처음 공개(4월 18일, 국립과천과학관)

* 전경수, 「제주도학의 선구자 석주명」, 『화산섬 세계자연유산, 그 가치를 빛낸 선각자들』(한라산생태문화연구소)
+ 이병철, 칼럼 「일본인들이 부러워한 조선인 석주명」, 《국민일보》(9월 14일)

2010년

★ 제주대 아열대농업생명과학연구소와 석주명선생기념사업회 공동주최, 석주명 선생 타계 60주기 기념세미나(2월 10일, 제주대)
☆ 이병철, 청소년용 위인전 『열정의 나비박사 석주명』 발간(작은씨앗)
★ 한국조폐공사에서 '인물메달' 발행(10월)

2011년

★ 제주대 아열대농업생명과학연구소, 〈석주명기념사업 활성화방안 수립조사〉 용역 보고서 제출(1월 26일)
☆ 윤용택, 「석주명의 제주학 연구의 의의」, 『탐라문화』 제39호(제주대 탐라문화연구소)
★ 서귀포시민 책읽기운동 도서로 석주명 실명소설 『나비와 함께 날아가다』 선정
* 윤용택, 「지식융합의 측면에서 본 석주명의 학문적 성과」, 한국과학창의재단과 제주대 탐라문화연구소 공동주최 제1회 융합워크숍 〈지식융합의 현재와 미래〉 (8월 25~27일, 제주대)
★ 제주KBS 1TV 제주가 보인다[학문 융복합의 선구자, 석주명] 방영(10월 5일)
★ 일본 나비연구가 가와조에(川副昭人, 1927~2014) 선생이 『제피루스(Zephyrus)』 1권 1호(1929년)부터 제9권 2호(1941년)까지 기증('제피루스'에는 석주명이 해방 이전에 발표한 78편 논문 가운데 19편이 실려 있다.)
☆ 이병철, 『석주명 평전』 복간(그물코)
★ 제주대 탐라문화연구소와 석주명선생기념사업회 공동주최, 석주명 선생 탄생 103주년 기념학술대회 〈학문 융복합의 선구자 석주명을 조명하다〉 개최(10월 7~8일, 제주대, 서귀포시청)
* 이병철, 「'석주명 제대로 알기' 여정을 돌아보다」
* 송상용, 「한국 현대 학문사에서 석주명의 위치」
* 신동원, 「한국과학사에서 본 석주명」
* 윤용택, 「학문 융복합의 선구자 석주명」

* 문태영, 「석주명의 나비학 연구의 의의」
* 문만용, 「나비분류학에서 국학까지」
* 정세호, 「석주명의 제주도 곤충 연구의 의의」
* 이영구, 「석주명의 에스페란토운동의 의의」
* 강영봉, 「석주명의 제주어 연구 의의와 과제」
* 양창용, 「세계어, 지역어, 그리고 영어의 위상」
* 최 현, 「1930~40년대 제주의 삶과 석주명」
* 김치완, 「석주명의 제주도 자료에 비친 제주문화」
* 윤봉택, 「석주명의 서적출판에 관한 연구」
* 유철인, 「석주명이 남긴 제주학의 과제」
* 김인중, 「제주의 가치로서 석주명 선생을 기념하기 위한 제언」

★ 제주문화예술재단 2011년 하반기 강좌(4기) 〈제주학의 선구자들, 제주를 빛내다〉
* 전경수, 「석주명의 '제주도학'과 국토구명사업」
* 오창명, 「석주명, 제주학의 불을 밝히다」

★ 석주명 일대기를 그린 뮤지컬 〈부활 – 더 골든 데이즈〉 공연 (원작: 김의경의 '신나비찬가', 12. 4~25, 나루아트센터)

\+ 윤용택, 칼럼 「제주학의 선구자 석주명 선생을 기리며」, 《한라일보》(10월 12일); 《서귀포신문》(10월 15일)

2012년

★ 제주MBC, WCC총회기념 특집 라디오드라마 2부작 석주명 일대기 "나비의 꿈" 방송(PD: 지건보, 작가: 한진오)

★ 석주명 일대기를 그린 뮤지컬 〈부활 – 더 골든 데이즈〉 공연 (10.27~11.11, 한전아트센터)

☆ 신동원, 「한국과학사에서 본 석주명」, 『탐라문화』 제40호(제주대 탐라문화연구소)

☆ 문만용, 「나비분류학에서 인문학까지-석주명식 나비연구의 성장과 의미」, 『탐라문화』 제40호(제주대 탐라문화연구소)

☆ 강영봉, 「석주명의 제주어 연구의 의의와 과제」, 『탐라문화』 제40호(제주대 탐라문화연구소)

☆ 윤용택 외, 『학문 융복합의 선구자 석주명』 발간(제주대 탐라문화연구소)

2013년

★ EBS 지식채널 e [나비에 미치다, 석주명] 방영(4월 22일)

2014년

★ 석주명 나비길 개장(7월, 바르게살기운동영천동위원회)

★ 제1회 돈내코 원앙축제 '석주명 나비길 걷기 행사' 개최(8월, 서귀포시 영천동주민자치위원회)

2015년

★ (석주명 테마) 서귀포시 영천동 농촌중심지 활성화 사업 선정(1월)

★ 석주명선생기념관 건립추진위원회 발족(3월, 공동위원장 이석창, 남상호, 현을생)

\+ 윤용택, 칼럼 『석주명 기념관 부지 마련을 위해 지혜 모아야』(제주의소리, 3월 24일)

★ 우리나라 첫 과학자[석주명, 이휘소, 한만춘] 우표 발행(4월, 우정사업본부)

★ 제2회 돈내코 원앙축제 '석주명 나비길 걷기 행사' 개최(8월, 서귀포시 영천동주민자치위원회)

2016년

★ KBS제주TV, 제주학개론[제주학의 선구자, 석주명] 방영(6월 22일~7월 20일, 총4회)

★ 제3회 돈내코 원앙축제 '석주명 나비길 걷기 행사' 개최(8월, 서귀포시 영천동주민자치위원회)

2017년

★ 서귀포시 석주명 선생 기념관 건립 부지 확보(2월), 4필지 16,162m^2, (4,889평) 시가(98.4억 원)

★ KBS제주라디오, 제주의 오늘[인문학으로 보는 제주, 석주명] 방송(3월 9일~5월 18일, 총11회)

★ (석주명 테마) 영천동 농촌중심지 활성화사업 기본계획 수립(8월)

★ 첫 과학기술유공자 석주명, 우장춘, 이휘소 등 32명 선정(과학기술정보통신부, 12월)

☆ 윤용택, 「석주명의 학문이념에 관한 연구-통재와 융섭의 측면을 중심으로」, 『철학사상문화』, 제25호(동국대 동서사상연구소)

2018년

★ 애산학회, 『애산학보』 석주명 특집(10월)

★ 제주학회, 석주명 탄생 110주년 기념 전국 학술발표대회 〈석주명의 삶과 학문세계〉 개최(10월)

★ 제주학회, 제주학센터 공모과제, 〈제주학 선구자 석주명에 대한 기초 연구〉 수행(10월)